爱上鸡尾酒

鸡尾酒制作图鉴

Cocktail

林晓筠——编著

辽宁美术出版社

图书在版编目（CIP）数据

爱上鸡尾酒 / 林晓筠编著. — 沈阳 : 辽宁美术出版社，2024.11

ISBN 978-7-5314-9546-8

Ⅰ. ①爱… Ⅱ. ①林… Ⅲ. ①鸡尾酒—调制技术 Ⅳ. ①TS972.19

中国国家版本馆CIP数据核字（2023）第217225号

出 版 者：辽宁美术出版社

地　　址：沈阳市和平区民族北街29号　邮编：110001

发 行 者：辽宁美术出版社

印 刷 者：河北松源印刷有限公司

开　　本：787mm × 1092mm　1/16

印　　张：15

字　　数：200千字

出版时间：2024年11月第1版

印刷时间：2024年11月第1次印刷

责任编辑：叶海霜

封面设计：宋双成

责任校对：满　媛

书　　号：ISBN 978-7-5314-9546-8

定　　价：128.00元

邮购部电话：024-83833008

E-mail:lnmscbs@163.com

http://www.lnmscbs.cn

图书如有印装质量问题请与出版部联系调换

出版部电话：024-23835227

PREFACE 前言

鸡尾酒是一种以烈酒或葡萄酒为基酒，配以各种辅助材料，加以搅拌或摇晃而成的混合饮品，多在饮用前临时调制。鸡尾酒这种可以自由搭配的特点，使其成为一种不受任何约束、充满想象力和创造性的“艺术品”，所以人们又常常称其为“艺术酒”。

鸡尾酒最初进入市场时，更多是用来满足人们对辛辣口感的需求。随着时间的推移，鸡尾酒开始出现在各种社交场合，并得到广泛应用。为了适应人们口感的需要，在调酒师和品酒人丰富想象力的作用下，鸡尾酒逐渐出现了多种口味的变体，就连鸡尾酒的命名也变得五花八门、千奇百怪，充满各种奇思妙想。或许正是因为鸡尾酒的这种千变万化，才使得它成为世界上最流行、最受欢迎的酒类产品之一。

为帮助广大鸡尾酒爱好者全面地了解鸡尾酒，我们特编辑出版了《爱上鸡尾酒》一书。本书采用精练的语言，搭配精美的图片，让人轻松了解鸡尾酒的特点、由来、发展历程、种类、伴侣、装饰物、饮用艺术，掌握调制鸡尾酒用的各种基酒、用具、原则、方法，熟悉众多经典的鸡尾酒品牌和它们的系列产品。无论你是业余鸡尾酒爱好者，还是专业的调酒师，相信书中所讲的内容，都会让你深刻地体会鸡尾酒独特的艺术内涵。

鸡尾酒色彩斑斓，富于变化，就像生活一样多姿多彩。某位著名调酒师曾说：“喝鸡尾酒，其实就是在欣赏一件艺术品，或者更简单地说是在寻找一种感觉罢了。”在闲暇时光，调一杯鸡尾酒，品味鸡尾酒带来的快乐和享受，定会给生活增添一抹色彩。

CONTENTS
目录

走进鸡尾酒世界

Part1

鸡尾酒的调制

Part2

基酒：鸡尾酒的灵魂

Part3

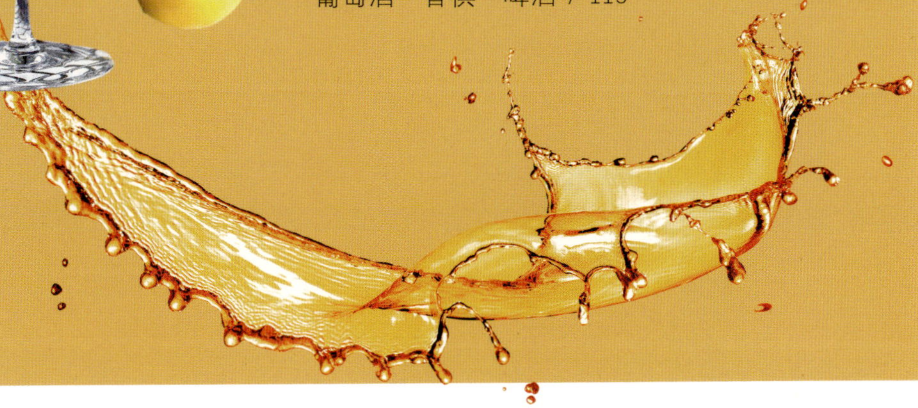

CONTENTS

目录

经典鸡尾酒系列

Part4

COCKTAIL

Part 1

走进鸡尾酒世界

鸡尾酒的基础知识

什么是鸡尾酒

鸡尾酒在英文中的叫法是“Cocktail”，指那些用基酒搭配其他酒、果汁、汽水等调制的饮品，符合此标准的饮品均可被称作鸡尾酒。

鸡尾酒不仅具有酒的一般性质，还融合了水果和蔬菜营养价值较高的优点，可以帮助人们理气活血，缓解疲劳感等。同时，鸡尾酒可自由搭配的特点使其成为人们抒发情感、展现才思的一个载体，风靡于世的各款鸡尾酒都有有趣的故事、灵动的色泽和浪漫的遐思。

Extra
BEER
330 ml.

鸡尾酒名字的由来

“Cocktail”这个单词来源于“Tail of Cock”，意思是“公鸡的尾巴”。对于鸡尾酒名字的具体来源说法不一，民间流传着许多与此有关的有趣故事，一直到现在，人们都没办法确定哪个才是鸡尾酒名字的真正来源。比如，有人根据鸡尾酒的名字推测，认为鸡尾酒在问世时采用公鸡尾巴上的羽毛作为装饰品，从而取了这样一个名字。还有人从鸡尾酒的搭配方式来推测，认为鸡尾酒的搭配方式多种多样，搭配出的效果十分奇妙，就像公鸡尾巴上的美丽羽毛一样，所以人们定下了这样一个名字。

鸡尾酒的发展历程

鸡尾酒一般以烈性酒作为基酒，所以鸡尾酒的诞生时间比烈性酒稍晚一些。想要了解鸡尾酒的历史，就要先了解其基酒的历史。欧洲蒸馏酒精饮品的历史要追溯到12世纪左右，现在我们所熟知的常被用作基酒的白兰地、威士忌、伏特加和金酒等，均与那个时代有千丝万缕的联系。而朗姆酒和特基拉酒的诞生时间较晚，它们在14世纪或15世纪时才出现，一个以制糖剩余物（甘蔗汁或者糖浆等）为原料，一个由墨西哥蓝色龙舌兰制成。

萨泽拉克（sazerac）诞生于19世纪30年代，被很多人认为是世界上第一款鸡尾酒。它是由调酒师安托万·贝乔德创造性地在波本酒中加入苦味酒调制而成的

在18、19世纪，随着世界贸易的发展，可供选择的制酒原料越来越丰富，人们在酒精饮品方面的创造热情空前高涨。人们尝试将新发现的各类植物及其果实与烈性酒搭配，很多优质的新款酒被推到市面上。与此同时，人们对酒精饮品的口味也开始了新的探索，除了酒本身的烈度，人们还探索出略带苦味、酸味等味道的酒，而这一系列的探索，为鸡尾酒的出现奠定了基础。

现在对鸡尾酒有据可查的首次文字记载来源于1806年，当时美国的一本名为《平衡》的杂志对鸡尾酒进行了简单的介绍，将鸡尾酒描述为一种在烈性酒中加入苦味剂和砂糖

配制而成的酒精饮料。第一本较为专业的对鸡尾酒文化进行介绍的著作应当问世于 1862 年，被后世誉为“美国调酒之父”的杰瑞· 托马斯（Jerry Thomas）在那一年出版了自己创作的一本介绍鸡尾酒文化的作品《酒保指南：如何调制混合酒》。这部销量不错的作品使鸡尾酒开始风靡各种社交场所。1888 年，对鸡尾酒的发展有重要贡献的哈里·约翰逊（Harry Johnson）出版了《调酒师手册》，这部作品收录了那个年代影响最大的几款鸡尾酒，如“曼哈顿”等。

由于美国在 20 世纪早期推行过禁酒政策，所以其酒精饮品的市场一度十分低迷。出人意料的是，这一政策带来了非法饮酒文化的繁荣，从而间接推动了鸡尾酒的发展。因为鸡尾酒自由的搭配方式使酒精饮品便于伪装成其他饮品，而且其多样的口味使“私酒”的低劣品质不那么明显。由于非法饮酒文化发展迅速，所以当美国政府于 1933 年宣布解除酒类饮品限制后，人们短时间内就在各大媒体上注意到鸡尾酒文化，不仅伏特加、朗姆酒等传统基酒被大众认可，连威士忌、白兰地等也被作为调制鸡尾酒的新搭档。

第二次世界大战后，随着美国的强势崛起，鸡尾酒随之风靡全球，不仅出现在大街小巷、沙滩上、泳池边，还成为名流宴会必不可少的饮品，鸡尾酒文化也成了社交文化的重要组成部分。随着鸡尾酒市场的迅速发展，针对不同消费群体的鸡尾酒不断问世，人们可以根据自己的需求自由选择不同种类的鸡尾酒。在销量大增的同时，鸡尾酒文化中也融入了很多新元素，鸡尾酒成为人们社交的重要媒介，展现了各个地区独特的魅力。

鸡尾酒的种类

鸡尾酒的分类方法有很多，一般依照可供饮用的时间或酒杯的大小，把鸡尾酒划分成“短饮”与“长饮”。前者的调制方法是把基酒及所搭配的饮品混合倒入酒杯中，然后加入冰块即可，其不宜久放，应在短时间内饮用；后者则是用较大的酒杯调制，可供长时间消遣品尝的鸡尾酒。就配方来说，后者的酒精含量要低于前者，因为用于短时间饮用的鸡尾酒，其卖点主要在于酒精的刺激性；而用于长时间饮用的鸡尾酒，其卖点主要在于口感、

气味等因素。所以供短时间饮用的鸡尾酒，其基酒的占比较高；而供长时间饮用的鸡尾酒，其果汁、汽水等的占比会更高一些。

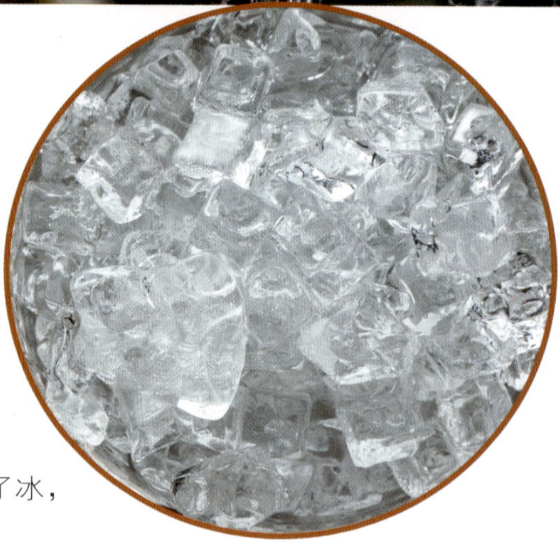

鸡尾酒的好伴侣

冰

不管在哪种场合，提到鸡尾酒的时候总少不了冰，这充分体现了冰在鸡尾酒中的重要作用。

为了提高鸡尾酒的口感和观赏性，应尽量选用不易产生气泡、透明度较高的冰。同时，我们可以任意选择冰的形式，如切成冰块或搅成碎冰等。如果是自己制作冰的话，应选用干净卫生或烧开后的水来制作，以避免有漂白粉的味道。取冰时建议使用专业的取冰工具，如冰夹等。

水、饮料类

1. 水

调制鸡尾酒时，尽量用矿泉水或纯净水，如果用自来水，鸡尾酒会变味儿。

2. 苏打水

苏打水分为后来混入二氧化碳和开始就含有二氧化碳两种。但这里的苏打水是指不加调味料的白苏打水。

3. 奎宁汽水

奎宁汽水是诞生于英国的碳酸饮料。它无色透明，有苦味，一般认为它对食欲不振和中暑有一定的疗效。

4. 姜汁汽水

姜汁汽水是生姜味的碳酸饮料，是提取生姜的香味再加入柠檬酸、肉桂、辣椒、丁香油等香辣调料配制而成的。

5. 果汁

最好使用水果榨制的鲜果汁，使用市售的 100% 的果汁也可以。明确指定为果酒时，则要使用加了甜味剂的果汁。

COCKTAIL

6. 糖浆

最常用的糖浆是石榴糖浆。糖浆就是砂糖加水制成的。石榴糖浆则是提取石榴的色素和香味成分加上糖浆制成的，其由于鲜艳的色泽而被视为制作鸡尾酒的珍宝。

7. 牛奶、鲜奶油

务必要用新鲜的牛奶。

最好用乳脂占45%的鲜奶油。

水果

1. 柠檬

柠檬要选新鲜、皮薄的。小的柠檬也可以榨出 45 毫升的果汁来。用来装饰时要选外形匀称、光泽鲜艳的柠檬。

2. 橘子

橘子要进口的，选择要点与柠檬相同。

3. 酸橙

酸橙酸味比柠檬还重。浓绿色、有光泽的酸橙较新鲜。

4. 苹果

苹果以皮红、果肉密实的为好。主要用于装饰。

5. 野樱桃

野樱桃有红、绿两种。一般采用的野樱桃是在酒里浸渍之后，再经着色并去了核的罐头樱桃。

6. 其他水果

其他水果包括葡萄柚、菠萝、甜瓜、葡萄、番木瓜等。除用其果汁外，也常用于装饰。

鸡尾酒的装饰物

当我们发挥创造性，辛苦地调制好鸡尾酒的口味后，往往急于让客人品尝，但先不要着急，我们的任务还没有完成。只有为鸡尾酒装饰出美丽的外表，才能让客人第一眼就动心。

作为一种饮品，鸡尾酒最适宜的装饰物就是水果，如柠檬、酸橙、菠萝、樱桃等。当然，将一些有特色的药草作为装饰物也是不错的，如薄荷。此外，芹菜和橄榄等也很流行。

选取这些装饰物最重要的是要确保原料的新鲜，尤其是柑橘类的水果，要选择果皮饱满、紧实的。此外还要注意外形、色泽、气味等的协调统一。从外形来讲，装饰物应与鸡尾酒的风格相适应，而这对制作者来说有时是一种考验。从色泽来讲，由于鸡尾酒的饮用场合一般是氛围热烈的酒吧或气氛轻松的沙滩等休闲场所，所以装饰物的色泽应明亮鲜艳，

毕竟没有谁会希望在欢乐的气氛中看到颜色灰暗的果皮。从气味来讲，装饰物的气味应与鸡尾酒的气味相协调，至少不应影响鸡尾酒本身味道的发挥。

最后一点需要记住的是，在装饰时要体现出自己的风格。这就要求我们在进行装饰时要考虑这些东西应如何使用才能最大限度地发挥出特色，吸引顾客。一般来说，大一点儿的水果，如菠萝，应从中间（不是从头部到底部）切开，然后把圆片切成块儿；而像樱桃、橄榄和红醋栗这样的小浆果，可以单个使用或者用一小串儿。

下面介绍的是常被采用的鸡尾酒的装饰物。在介绍之前先要明确一点，那就是鸡尾酒的搭配风格并不是固定的，每个人都可以根据自己的灵感设计属于自己的鸡尾酒风格，所以千万别害怕尝试。比如，像马天尼（Martini Cocktail）这样简洁、精致的鸡尾酒，其装饰也要简洁、精致。但是像椰林飘香（Pina Colada）这样的海滩派对鸡尾酒，就要充满趣味。

樱桃

樱桃因其小巧的外形、鲜艳的色泽、甘甜的口味历来为人们所喜爱，鸡尾酒自然也少不了它。在装饰鸡尾酒时，一般选用马拉斯基诺樱桃（保存在利口酒里的马拉斯卡樱桃） 或者甜度较低的新

鲜樱桃，将其穿在装饰签上，放在酒里或者搭在酒杯上都可以，从而为鸡尾酒增色。

橄榄

橄榄可爱的外形与亮眼的色泽使它一直被鸡尾酒爱好者看重。选取橄榄作为装饰品时要注意其新鲜度，一般用鸡尾酒装饰签穿一两个放于酒杯中即可。当然，也可直接将橄榄放于酒杯中。

柑橘细长皮

细长皮一般是指用锋利的削皮刀或者削皮器所制作的薄薄的橙子皮或柠檬皮。这种果皮的好处在于外形美观，散发出一种新鲜水果的芬芳，既可以使人眼前一亮，又可以与鸡尾酒本身的气味相协调。在进行装饰时，将其一端悬挂在杯口外，另一端弯弯曲曲地浸在酒中。

柑橘块

我们在切柑橘类水果时，要先切去两端，然后纵向从中间切开。切的时候根据其大小可切成不同块数（一般纵向切成 6 等份），去核后置于杯边或者放到酒液里即可。

薄荷和其他药草

薄荷的提神作用使得它与烈酒的刺激感颇为相配。当我们选取薄荷作为鸡尾酒的装饰物时，要选取其外形小而完整、有光泽的新鲜叶子。除了薄荷之外，鼠尾草、马鞭草、罗勒、香蜂草等药草也可用于鸡尾酒的装饰。

新鲜水果

大自然为我们提供了数不胜数的新鲜水果，这些都可以用于鸡尾酒的装饰。除了以上所列的单品装饰方法外，我们还可以选取多种水果进行组合搭配，这更有利于展现鸡尾酒的独特魅力。需要注意的是，进行搭配前要将所选水果洗干净。

cocktai

鸡尾酒的饮用艺术

由于调制的方法多种多样，所以各款鸡尾酒都有自身的风味，以此为基础，每款鸡尾酒都有适合饮用的时段。对于口感干而浓烈的鸡尾酒，如威士忌酸、马天尼，可以用于餐前开胃；对于芳香醇和的鸡尾酒，如爱尔兰咖啡、黑色俄罗斯，适合餐后饮用以助消化；对于口味清新、滑润的鸡尾酒，如汤姆柯林斯（用金酒和柠檬汁调配）、血腥玛丽（用伏特加、番茄汁和柠檬块调配），可以在全天任意时段饮用。

爱尔兰咖啡

一般来讲，如果用作餐前饮用，那应选取基尔、贝利尼、香槟鸡尾酒等；不考虑时段因素的话，则建议用果汁搭配烈酒调制美味可口的长饮鸡尾酒，如龙舌兰日出、哈维撞墙等。

哈维撞墙

由于人们在不同时段的饮用需求不同，各款鸡尾酒往往会按照适合饮用的时段进行分类。除了无时间限制的全天，人们还以晚餐为中心，设定“餐前（Pre Dinner）”及“餐后（After Dinner）”两个时间段。这种分类方式有其内在的理由。

餐前

我们在选择用于餐前饮用的鸡尾酒时，要明确饮用目的，即增强胃口和润喉，然后以此为标准选取甜味略淡而且带些酸苦味道的清爽型鸡尾酒。一般来讲，马天尼（Martini Cocktail）、血腥玛丽（Bloody Mary）、金青柠（Gin Lime）等均适宜餐前饮用。不擅长饮酒的人，可根据自己的酒量选择酒精度数略低的类型。

马天尼

热蛋诺酒

餐后

我们在选取用于餐后饮用的鸡尾酒时，要选取那些能够帮助消化、改善口腔卫生的鸡尾酒，即甜口型鸡尾酒或酒精度数较高的鸡尾酒。一般来讲，锈钉（Rusty Nail）、热蛋诺酒（Hot Egg Nog）、黑色俄罗斯（Black Russian）等都是不错的餐后饮品。

全天

有些鸡尾酒将酸味、苦味及甜味适度融合，其没有特定的饮用时段，全天任何时段均可饮用。大多数鸡尾酒均为此类。

其他时段

有些时段人们对鸡尾酒会有特殊要求，如在餐前饮用的开胃酒，或者正餐时段会调制一些适合代替前菜及汤的俱乐部鸡尾酒（Club Cocktail），睡前会饮用一些帮助睡眠的寝前鸡尾酒（Night Cap Cocktail）等，其中寝前鸡尾酒在调制时通常以白兰地作为基酒或使用鸡蛋调制。

COCKTAIL

Part 2

鸡尾酒的调制

鸡尾酒的调制用具

调酒和倒酒器具

正如进行化学实验需要用到很多专业的工具一样，调制鸡尾酒也有专门的调制用具。事实上，鸡尾酒的调制过程也可以看作一种化学实验。这些用具并非一开始就被设计出来，而是人们根据自身需求，结合日常厨具逐渐发明出来的，而这个过程经历了漫长的时间。下面是对其中一些用具的介绍。

1. 摇酒器或摇酒壶

用于调和难以混合的材料，同时使之冷却。不锈钢制品使用起来比较方便。

波士顿摇酒器

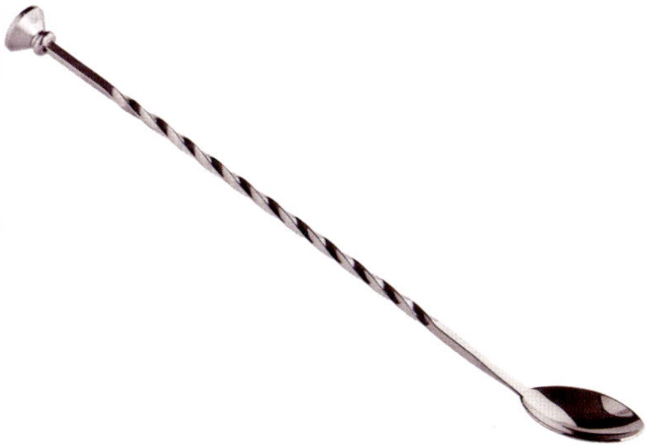

2. 调酒杯

调制容易混合的材料的一种大玻璃杯。用吧匙在其中搅拌。

3. 酒吧匙或吧匙

用于调和材料的长柄匙。一端是匙，另一端呈叉状。

4. 滤冰器

在用调酒杯过滤时留住冰，而只让调制完毕的鸡尾酒注入酒杯的一种器具。

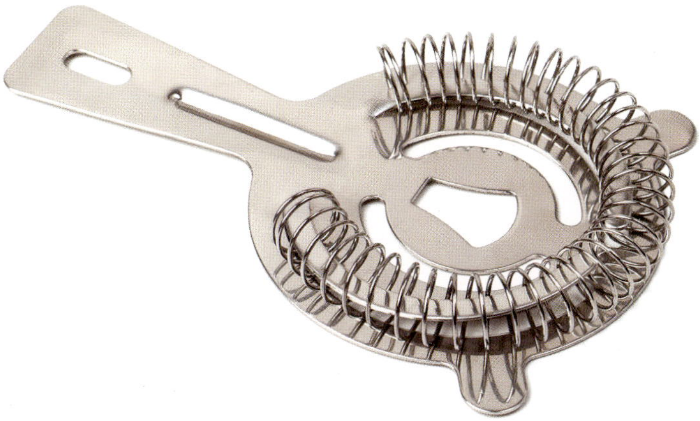

Part 2 鸡尾酒的调制

5. 搅拌机

日本称其为混合器，是调制福赞类鸡尾酒以及使用新鲜水果的鸡尾酒的必备器具。

6. 量酒器或量杯

用于量度液体调酒材料的金属杯，一般为 30 毫升或 45 毫升，也有 15 毫升和 30 毫升的组合杯或 30 毫升和 60 毫升的组合杯。

7. 榨汁机

用于榨压柠檬等柑橘类水果的器具。种类多种多样，大的玻璃榨汁机使用起来比较方便。

8. 水果刀

用于切削水果的一种器具。

9. 冰镐

用于敲碎冰块的锥形器具。

10. 冰夹

用于夹取冰块的器具，最好选用由弹力较强的材料制成的冰夹。

11. 杯垫

用于垫在鸡尾酒杯的下面，材质多样。

12. 冰桶

用于保存冰块的器具，如果底部有用于切削冰块的隔板就更好了。

13. 开瓶器

用于打开啤酒或软饮类瓶盖的一种器具。

14. 拔瓶塞

用于拔出洋酒的软木塞的器具。

15. 鸡尾酒串签

用于穿叉配饰鸡尾酒的水果，食用起来比较方便。

16. 吸管

饮用带碎冰的鸡尾酒时配备的管子。粗细、颜色、长度多种多样，可自由选择。

17. 调酒棒

用于搅拌鸡尾酒、穿叉水果、调碎砂糖的长棒，最好选用和酒杯相符的调酒棒。

18. 玻璃罐

用于保存苦味酒，并能按需要的量摇出。

19. 砧板

切水果时使用的垫板。

20. 香槟塞

用于封闭已打开的香槟酒瓶，以防止二氧化碳散发。

鸡尾酒载杯

在品味鸡尾酒时，选用相应的酒杯也是十分重要的一个环节。鸡尾酒绚丽多姿的色彩，搭配上一个个或三角形、或长笛形的纯净明亮的酒杯，展示出酒品不同的风格和情调，带给我们别样的享受。不同的鸡尾酒用不同形状、尺寸的鸡尾酒酒杯来搭配，这是由鸡尾酒的分量、特征及装饰要求决定的。鸡尾酒的酒杯多种多样，合理选用酒杯的质地、容量及形状，使得各款鸡尾酒都能释放出各自的魅力，增加饮酒的氛围。

根据一些常见的鸡尾酒杯，我们一般将其分为四大类：（1）平底杯，如古典杯、高球杯、柯林斯杯、烈酒杯等；（2）高脚杯，如红葡萄酒杯、白葡萄酒杯、香槟杯、鸡尾酒杯、玛格丽特杯等；（3）矮脚杯，如白兰地杯、果汁杯等；（4）其他特色鸡尾酒杯。

红葡萄酒杯

白葡萄酒杯

古典杯

烈酒杯

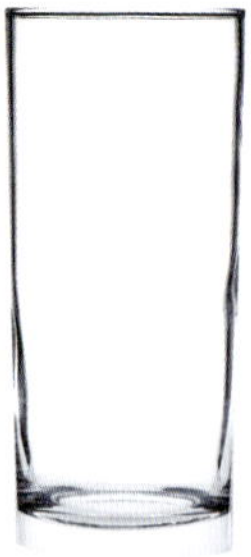

高球杯

鸡尾酒杯

特色鸡尾酒杯

特色鸡尾酒杯

玛格丽特杯

长笛形香槟杯

白兰地杯

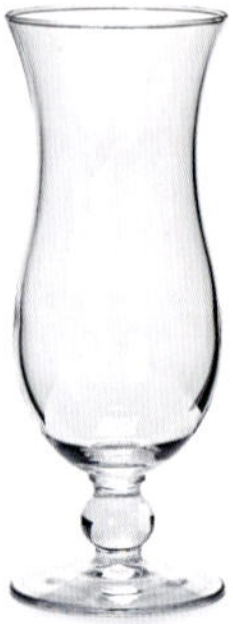

雪利酒杯

郁金香形香槟杯

鸡尾酒的调制原则和方法

调制原则

鸡尾酒调制过程中最重要的有四点：第一，原料的品质；第二，调制工具的挑选；第三，调制技术；第四，外观的风格。

原料

原料是鸡尾酒的基础，决定了鸡尾酒的口味。想要调制一杯受欢迎的鸡尾酒，就必须使用最好、最新鲜的原料。不管是基酒还是辅料，或者是作为装饰的用料，都必须精挑细选，避免劣质原料影响鸡尾酒的风味。

调制工具

调制鸡尾酒的乐趣很大一部分来自对调制工具的使用，工具会帮助我们精确地衡量出原料的用量，以保证鸡尾酒的味道。因此，正确、合理地使用工具是成功调制鸡尾酒的关键一步。在使用工具时，要确保其干净、卫生，因为任何一点儿污物或者残渣，都可能给鸡尾酒的味道带来不好的影响。所以，我们要及时清洗、擦干所有的工具，为调配出完美的鸡尾酒做保障。

调制技术

毫无疑问，鸡尾酒的调制与中餐的烹饪有可以相互借鉴之处。每个调酒师都尽力在原料允许的范围内，使原料的口感、味道等达到人们所期

望的平衡状态，通过对原料品质、调制工具的把握，利用一切有利因素，使调制出的鸡尾酒质地好、平衡佳。在调配过程中，有三点需要注意。首先，不要品尝原料，保持清醒的头脑；其次，要尽可能把原料计算精确；最后，液体原料不宜过多，一般不超过5种。

外观

鸡尾酒的外观来自原料自带的特点、调制技巧的影响，以及调制完成后的装饰。事实上，对一杯鸡尾酒进行装饰无异于画一幅画，需要考虑色彩的搭配、

风格的适宜。同时，外观上的搭配是鸡尾酒调制过程的最后一步，需要对原料的特点、调制技术的运用等进行综合展示，这对调酒师来说是个非常大的考验。有些鸡尾酒，比如呈现出深橙黄色和一点红石榴糖浆色的龙舌兰日出或者呈现出诱人桃色的贝利尼，它们的外观都很漂亮，只要装进合适的酒杯，就是一杯极具诱人风味的饮品。

调制方法

鸡尾酒的调制方法多种多样，一般来讲可分为四种，按其特点分别命名为兑和法、调和法、摇和法、搅和法。

兑和法

“兑和法”是最简单的一种鸡尾酒调制方法，其操作步骤是把原料直接倒入调酒杯中，然后使用吧匙进行搅拌即可。一般用于使用

果汁或碳酸饮料兑出长饮酒品的时候。在使用碳酸饮料的时候，为防气泡外溢，尽量不要长时间搅拌。

调和法

“调和法”与“兑和法”相比，区别是“调和法”要先将原材料和冰块放入混合杯后，再进行搅动。为了防止冰块碰撞得过于激烈，破坏酒面的美观，搅动时应将吧匙背靠混合杯内壁，沿同一方向进行搅动。

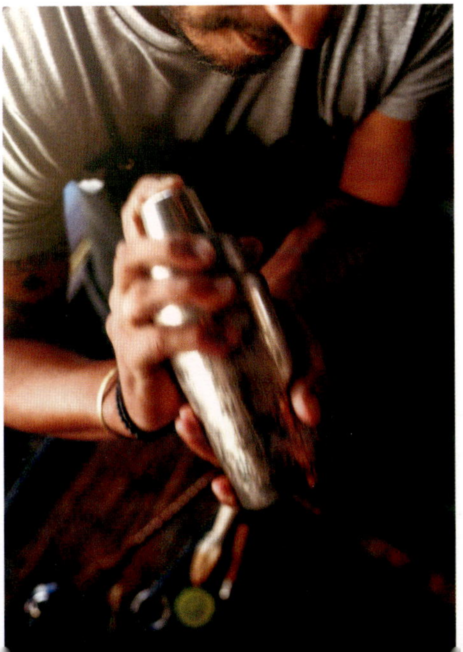

摇和法

“摇和法”的主要特点在于使用调酒壶对较难搅匀的原料进行调制。这种方法不仅提高了调制效率，而且降低了酒精浓度，使口感更适合初次接触鸡尾酒的人。

搅和法

“搅和法”与“摇和法”类似，区别是“搅和法”将调酒壶换成了搅拌机，使得调制效率更高，适于调制冰冻风格或所用新鲜水果较多的鸡尾酒。这种方法的注意事项是要控制冰块的使用量，以免冲淡鸡尾酒的原味。

色彩和口味的调配

色彩的调配

由于鸡尾酒的基酒和各种辅料本身就带有颜色，不同的调制技术也会给鸡尾酒的颜色带来影响，再加上装饰物的使用，使得鸡尾酒的颜色成为衡量鸡尾酒品质的一个重要标准。在调配鸡尾酒时，很多调酒师喜欢给鸡尾酒添加一些颜色，赋予其诱人的外表。比如，想要增添一些红色，可以选用红石榴糖浆；想平添微微的蓝色，可以选择蓝色库拉索；如果只是想增加少量的橙色，加利亚诺则是不错的选择。下面给大家介绍几种构成鸡尾酒基本色调的原料。

基酒

尽管伏特加、金酒等烈性酒自身不带颜色，但市面上的大多数酒均带有颜色，这为鸡尾酒的颜色奠定了基础。

糖浆

糖浆一般由各种颜色不同、含糖比重不同的新鲜水果制成，所以糖浆按其种类的不同也带有不同的颜色，如红色、黄色、绿色、白色等。这些色彩使得鸡尾酒的颜色有了更多的可能。在调制鸡尾酒时常使用的糖浆有红石榴糖浆（深红）、山楂糖浆（浅红）、香蕉糖浆（黄色）、西瓜糖浆（绿色）等。

果汁

同糖浆类似，果汁也来源于各种不同颜色的新鲜水果。因为通过挤榨而成，所以其颜色带有水果的自然原色，而且其含糖量与糖浆相比要少得多。调制鸡尾酒时较为常用的有椰汁（白色）、橙汁（橙色）、番茄汁（粉红色）、香蕉汁（黄色）、西瓜汁（红色）、草莓汁（浅红色）等。

利口酒

利口酒具有丰富的颜色种类，即使是同一品牌的利口酒也往往有各自独特的色彩。例如，我们常见的白色可可酒和褐色可可酒、绿色薄荷酒和白色薄荷酒等。

口味的调配

鸡尾酒作为一种饮品，最重要的特点就是口味特别。因为鸡尾酒是由具有各种天然香味的饮料成分来调配的，所以保持其特有的香味就显得尤为重要。

我们常常可以看到，人们通常会在调制好的鸡尾酒中加入冰块，这样做除了可以起到稀释酒精的作用，更重要的是因为调制鸡尾酒的基酒和果汁等饮料中有很多挥发性很强的芳香物质，这些物质在高温条件下极易挥发，所以常常需要加入冰块以保持芳香味。在此基础上，调酒师运用最能发挥原料特点的调酒手法进行调制，最后以装饰品进行点缀。一般来说，鸡尾酒的口味应当完全地展示出调酒师的期望，而不杂以其他味道。一杯好的鸡尾酒应味道适中，不会过酸、过甜，能满足人们对各种口味的需要。

以不同味道的原料为基础，配以相应的调酒技术，每个人都可以调制出适合自己口味的鸡尾酒。

1. 绵柔香甜的饮品

此类鸡尾酒的配方中含有大量奶类制品，如乳、奶、蛋等，这使得整款酒呈现牛奶般丝滑细腻的口感，营养丰富且易于饮用。此类代表有白兰地亚历山大（Brandy Alexander）、金菲士（Gin Fizz）等。

2. 清凉爽口的饮品

许多长饮鸡尾酒往往由冰块、碳酸饮料与其他酒类搭配而成，其独特的清凉口感与人们闲适的心情颇为相衬。此类代表如莫斯科骡子（Moscow Mule）、自由古巴（Cuba Libre）等。

3. 酸甜圆润的饮品

这类酒在鸡尾酒中占有很大比重。其将烈酒与利口酒搭配，在调制的过程中又加入了柠檬汁、青柠汁等酸味饮料，再配以糖浆，形成酸甜可口的独特风味，不仅口感舒爽，而且颇为开胃。如威士忌酸（Whisky Sour）等。

4. 酒香浓郁的饮品

此类鸡尾酒含糖量少，口感甘洌。其调制方法突出一个“酒”字，配方中的基酒含量远超其他原料，最大限度地保留了基酒的风味，同时通过少量辅料增加香味。如马天尼（Martini）、曼哈顿（Manhattan）等。

5. 微苦香甜的饮品

此类鸡尾酒的配料中含有金巴利或安哥斯特拉苦精，口感独特，不仅有清热的作用，还融合了苦精持续时间短、回味香甜的特点。如美国佬（Americano）、尼格龙尼（Negroni）等。

6. 果香浓郁的饮品

此类鸡尾酒由新鲜果汁配制而成，颜色鲜亮、酒体丰满且具有水果的清香味，如椰林飘香（Pina Colada）等。

COCKTAIL

Part 3

基酒/鸡尾酒的灵魂

鸡尾酒是否完美主要取决于基酒。基酒也叫主料、底料、酒基，是鸡尾酒调配中极为关键的原料。尽管如此重要，但单凭基酒，是无法调配出绝佳的鸡尾酒的，只有与其他调酒材料充分融合，为酒增色、添香、调味，才能呈现出完美的效果。常见的鸡尾酒基酒有六种：伏特加、白兰地、威士忌、朗姆酒、金酒和龙舌兰。此外，利口酒、葡萄酒、香槟和啤酒等也可作为基酒来调制出不同风格的鸡尾酒。

Part 3 基酒：鸡尾酒的灵魂

白兰地

概述

作为一款烈酒，白兰地的酒精度至少为 40% Vol，它选用优质的葡萄进行酿制，发酵、蒸馏后需储存在橡木桶中。通常，白兰地的酒龄越长，品质越好，价值也越高。白兰地的独特之处在于其香味丰富，层次多而变幻莫测，因此白兰地还有“可以喝的香水”的美称。白兰地中堪称极品的当属法国白兰地，而干邑白兰地则是其中最为知名的一款。

白玉霓葡萄为法国三个著名的用于酿制白兰地的品种之一，含糖量低、酸性高，极适合蒸馏成白兰地酒

调配鸡尾酒所用的白兰地，不是越昂贵、陈酿时间越长越好。普通的干邑白兰地也能调配出各方面都不错的鸡尾酒。用白兰地配制的鸡尾酒中，比较有名的包括杰克玫瑰、香榭丽舍、亚历山大、边车等。

由来

白兰地如何而来？对这一问题众说纷纭，主要有以下三种说法。

说法一：白兰地起源于16世纪的法国。当时，查伦泰河（Charente）码头成为葡萄酒的贸易流通要镇，航运是葡萄酒的主要运输方式。不过，当地战乱频发，航运经常被阻断，这使得葡萄酒常因长期滞留海上而腐坏。另外，成箱储存的葡萄酒因占用较大的船体空间而增加了成本，这令葡萄酒贸易商损失惨重。

为了应对这些问题，当时有人创新性地提出了葡萄酒双蒸法，就是进行两次蒸馏以增加酒精度，方便运载。抵达交易地，对葡萄酒进行稀释后再售卖。这种方法能防止葡萄酒腐坏，减少航运成本。在这一过程中，人们意外地发现，用橡木桶储存

的蒸馏后的葡萄酒，虽经长时间运输，却没有因此腐坏，而是呈现出晶莹透亮的琥珀色，口味醇厚，更加芳香。鉴于此，人们开始对葡萄酒进行蒸馏，并在橡木桶中进行长时间储存以提高酒的品质。这就是白兰地的来源。

说法二：白兰地起源于中国。《本草纲目》中记载：“葡萄酒有二样：酿成者味佳，有如烧酒法者有大毒。”这里的“烧酒”，可以说是对白兰地最早的称呼。《本草纲目》还记载了“烧酒”的酿制方法：“烧者，取葡萄数十斤，同大曲酿酢，取入甑蒸之，以器承其滴露，红色可爱。古者西域造之，唐时破高昌，始得其法。”这

说明唐代就有了酿制白兰地的蒸馏技术。

随着丝绸之路的开通，这一古老技术传至西方。17 世纪，法国人为提高蒸馏效果，研制出了蒸馏釜（蒸馏釜就是如今专门用来蒸馏白兰地的夏朗德壶形蒸馏器）。此外，橡木桶也被人们发现具有优秀的储酒作用，因此成为白兰地酿制流程最后的关键一步。基于此，法国率先出产了享誉世界的高品质白兰地。

说法三：白兰地起源于西班牙。阿诺德·威兰诺瓦（Arnaud de Villeneuve）是西班牙的一位炼金术士，也是一名医生，他将葡萄酒经蒸馏后酿成的白兰地命名为“Aqua Vitae”，在拉丁语中它是“生命之水”的意思。

分类

干邑

对于干邑白兰地，法国有相关法律对其产地、原料和蒸馏工艺等进行了严格限制，以保证其稳定的高品质。例如，必须使用生长于法国西南部干邑地区法定种植区域的白葡萄为原料。只有达到一定标准的白兰地，才能被冠以“干邑”或“阿曼涅克”之名，V.O、V.S.O、V.S.O.P、X.O、拿破仑等品牌因此驰名于世。

阿曼涅克

阿曼涅克白兰地选用的都是世界知名白葡萄品种，如圣埃美隆（Saint-Emilion）、佛尔·布朗休（Folle Branehe）等，这些白葡萄生长在法国南部的阿曼涅克法定种植区域。对比干邑白兰地，该酒芳香浓烈，爽口刺激，格调劲健。夏博是其中的代表品牌。

苹果白兰地

这是一款水果白兰地，使用苹果经蒸馏酿制而成。法国诺曼底地区的卡尔瓦多斯是最著名的苹果白兰地品牌之一。还有一款来自美国的苹果白兰地品牌——苹果杰克（Apple Jack）也盛名在外。

其他

除了上述几款白兰地，意大利品牌白兰地、法国马克白兰地等也十分出名。

特点

白兰地酿制过程中，发酵方法、储藏方式、贮存时间等稍有不同，就会使其色、香、味千差万别。

色

深金色的白兰地一般储藏时间不久，而褐色则说明白兰地陈酿时间长。有时人们会往储藏白兰地的木桶中添加橡木片来加深酒色。为了保证各批次白兰地的色泽一致，通常会放入糖浆或焦糖。

香

葡萄的芳香是白兰地的主要香味，酒精含量越高的白兰地，葡萄的香气越浓。经橡木桶储藏后，白兰地的香味会变得丰富，无花果味、太妃糖甜香、肉桂芳香等蕴含其中。

味

白兰地的味道细腻清爽，滑润绵长而无灼烧感；层次分明，强烈而丰富，饮完唇齿留香，且有淡淡的甜味。

威士忌

概述

威士忌是一款烈性蒸馏酒，酒精含量约43%，它以大麦等谷类作物为原料，须经橡木桶储藏数年才能酿成。威士忌主要有四大类，即苏格兰威士忌、爱尔兰威士忌、美国威士忌和加拿大威士忌。威士忌各具特色，用来调制鸡尾酒时应倍加谨慎。例如，普通苏格兰混合威士忌、爱尔兰威士忌等储藏时间短，口味稍淡，适合与咖啡一起调配热鸡尾酒。老式鸡尾酒、纽约、罗伯罗伊等皆以威士忌为基酒调配而成。

由来

谈到威士忌的诞生，首先要了解蒸馏酒的来源。有人认为蒸馏酒源于中古时期的炼金术。

在一次炼金过程中，炼金术士操作失误，向炉中倒入一种发酵了的溶液，而随后催化出的液体，尝起来竟很可口，其实这种液体就是最初的蒸馏酒。由于这种酒饮用后能使人精神振作，因而被人们认为是延年益寿的酒，并将其赞为“生命之水”。4—5 世纪，传教士把蒸馏酒的酿造方法引入苏格兰。1494 年，在苏格兰国王詹姆士四世的命令下，天主教修士约翰·柯尔以麦芽为酿制原料，在苏格兰艾莱岛上，把原产自爱尔兰的“生命之水”和本地的麦酒混合后进行蒸馏，酿造出 35 箱烈酒，他把这种酒命名为“VISAGE-BEATHA”。这可以说是威士忌的由来，也是其名称的起源。

由麦类制成的麦芽威士忌采取单一蒸馏法，由谷类制成的威士忌则采取连续式的蒸馏方法

分类

苏格兰威士忌

苏格兰威士忌全部产自英国的苏格兰地区，南部低地、北部高地、艾雷岛和斯佩河地区是其主要产区。苏格兰威士忌可分为谷物威士忌、麦芽威士忌和混合威士忌，主要区别是原料、酿造方法不同。

威士忌、伏特加和朗姆酒大都采用麦类作为酿酒的基本原料。大麦在经过一系列的工艺流程后，最终被酿成醇厚芳香的威士忌

只由一家蒸馏厂酿造出产的威士忌是单一麦芽威士忌，格兰菲迪单一麦芽威士忌、麦卡伦纯麦威士忌、格兰利维特纯麦威士忌是其中的常见品牌；将多家蒸馏厂生产的单一麦芽威士忌混合配制而成的，则是混合麦芽威士忌，常见的品牌包括老伯威、芝华士、百龄坛等。

爱尔兰威士忌

爱尔兰威士忌由爱尔兰地区生产，与苏格兰威士忌的分类方法类似，它也有两类：纯麦威士忌、混合威士忌。但是爱尔兰威士忌在酿造工艺上有两大不同：其一，爱尔兰威士忌酿制全程基本不使用泥炭烘焙麦芽，所以酒中无烟熏味；其二，爱尔兰威士忌需要经三次蒸馏，比苏格兰威士忌多一次蒸馏。

美国威士忌

美国威士忌产自美国，主要分为波本威士忌、黑麦威士忌，前者要求至少含 51% 的玉米，基本产自肯塔基州的波本郡，知名品牌包括四玫瑰、哈伯、威特基、占边等，而含有 80% 及以上玉米的被叫作玉米威士忌；后者要求至少含 51% 的黑麦。另外，还有一种田纳西威士忌，它产自美国田纳西州，代表品牌是杰克丹尼。

加拿大威士忌

加拿大威士忌产自加拿大，基本是混合威士忌，酒味比较清淡。加拿大皇冠威士忌、加拿大施格兰威士忌、加拿大俱乐部威士忌等品牌较为有名。

特点

酿造出色、香、味完美统一的威士忌是酿酒者的毕生所求，绝佳的威士忌芳香绵长、余味无穷，非普通威士忌的单一麦芽香所能比。

色

经橡木桶长期储藏的威士忌呈澄澈透亮的金琥珀色。酒龄越长的威士忌酒色越深沉。

香

除了麦芽香，还有经木桶长期储藏产生的橡木味和香草的芳香，有些威士忌香气中还蕴含泥炭烟熏味，以及焦糖、香料、柑橘的甜香。

味

威士忌一般味道浓烈、丰厚，层次平衡。波本威士忌酒味强烈、充沛；苏格兰威士忌则具有特别的泥炭味和烟熏香；混合威士忌根据酿酒者的调配，滋味多变，各具特色。

俄罗斯人平均每人每年要喝掉约 67 瓶伏特加酒，他们崇尚酒文化的性格与伏特加酒不无关系

伏特加

概述

来自俄罗斯的伏特加是一款历史悠久的传统烈酒。相比于威士忌的浓烈香醇、白兰地的芬芳、龙舌兰的热辣，伏特加用料简单，酒体清透无比，入口十分爽快。这主要得益于伏特加独特的酿酒工艺，其原酒中的各种毒素和异物，在反复蒸馏和使用活性炭进行过滤后被清除干净，因而酿造出的酒纯粹无比。伏特加之所以能用来调制鸡尾酒，是因为中型伏特加十分透明，酒味强烈，既能和

软饮混合，也能和烈酒搭配，无论哪种浓度，都能和其他饮料很好地适配。血腥玛丽、螺丝刀、黑色俄罗斯等都是以伏特加作为基酒。

由来

关于伏特加的由来并无确切观点。一种观点认为，早在 12 世纪，伏特加就成为俄罗斯农民常饮的酒精饮品。俄罗斯编年史中，在 1533 年，“伏特加”首次被提及，并被记载成一种药，可以清理患处，还可以治疗头疼。

另一种观点认为，波兰是伏特加的发源地，18 世纪时伏特加才传入俄罗斯。以前的伏特加实际上是去冰的葡萄酒，这是因为去掉冰冻部分，相当于最低限度地对葡萄酒进行了蒸馏。波兰人最开始视伏特加为一种药物，1400 年，较为优良的蒸馏技术出现后，他们将该技术应用于伏特加的生产上，由此提高了伏特加的品质。1772 年，被分割后的波兰成为俄国的一部分。史学家推测就是在这时，伏特加被波兰人带到了俄国。

分类

俄罗斯伏特加

俄罗斯伏特加在苏联解体后，逐渐确立了自己的市场主导地位。

如今，广受人们喜爱的知名烈酒品牌中，就有为人所熟知的红牌伏特加。而高级伏特加尤里多尔戈鲁基，制作工艺复杂而严苛，品质卓越，价格更是十分昂贵。

波兰伏特加

谷物、土豆等是波兰伏特加的主要酿造原料。其纯净度由低到高可分为三个等级，即标准级、优质级和高级。相比欧洲其他品牌的伏特加，波兰出

产的伏特加味道更为醇厚、饱满，极富层次，口味丰富，非常适合纯饮。

其他国家的伏特加

除了俄罗斯这一伏特加主产国，世界上其他一些国家也能生产出品质上乘的伏特加，如美国、德国、日本、芬兰、瑞典等。

特点

西欧生产的伏特加，味道和香味偏中性，受到当地人和美国人的欢迎；东欧生产的伏特加则风格多样，各具特色。

色

纯净透明、清亮澄澈是经典伏特加最显著的特征。加味伏特加则根据添加成分色泽的不同而呈现多种的颜色，例如柠檬伏特加酒体呈浅黄色，甘草伏特加呈黑色。

香

经典伏特加没有香味，黑麦伏特加散发着坚果香气，小麦伏特加则能使人很容易闻到八角芳香。还有一些别的香气，如花香、柑橘清香、药草香和烟草香气等。

味

产自波兰、俄罗斯的伏特加，散发着谷类作物原料的芬芳；而来自欧洲的新伏特加，例如凯泰一号，口味热辣、浓烈。

朗姆酒

概述

朗姆酒是一种以蔗糖为原料酿制的蒸馏酒，也称糖酒，是重要的鸡尾酒基酒。调配鸡尾酒时，一般默认使用的都是淡色朗姆酒，如以金色朗姆酒或深色朗姆酒做基酒则会进行说明。以朗姆酒为基酒调配的鸡尾酒，浓郁而奔放，富有热带风情。得其利、百家地、迈泰等是常见的用朗姆酒调配的鸡尾酒。

由来

哥伦布发现新大陆后，在西印度群岛区域经营过甘蔗制糖生意，在榨取甘蔗的过程中产生了一种叫糖蜜的副产品。人们突发奇想地将甘蔗汁和糖蜜混合进行蒸馏，意外地创造出独特的蒸馏酒。不过由于蒸馏技术简单粗糙，因此酒的品质不高，未得到重视。此后，人们改进了这种蒸馏酒的酿造工艺，酿制时将其储藏在木桶中，经过长时间的发酵，就得到了优质清爽的朗姆酒。

金色朗姆酒闻起来有淡淡的蜂蜜甜味

关于为何把这种蒸馏酒取名为朗姆酒，其中一种说法认为这源于一种疾病。1745 年，英国海军在执行航海任务的过程中，出现了士兵得坏血病的情况，于是提督弗农下令禁止饮用啤酒，而用西印度群岛的甘蔗蒸馏酒替代，士兵竟痊愈。当时弗农上将有个“老古怪”（朗姆）的绰号，士兵为了表示感激，就将这种酒称作朗姆酒。

分类

以酒体呈现的颜色为划分依据，朗姆酒有白朗姆酒、金朗姆酒、黑朗姆酒三种；以香型为划分依据，朗姆酒分为清香型、中香型、浓香型。

白朗姆酒（清香型）

清澈纯净、口味清淡的白朗姆酒是调配鸡尾酒的常用基酒。白朗姆酒多产自波多黎各、古巴，知名品牌包括哈瓦那俱乐部、百家地等。

金朗姆酒（中香型）

金朗姆酒平衡了白朗姆酒、黑朗姆酒的口味和呈色，各方面偏中性，备受人们欢迎。著名的金朗姆酒品牌有马提尼克朗姆酒、德梅拉拉朗姆酒。

黑朗姆酒（浓香型）

在内壁烧焦的橡木樽中发酵至少 3 年的黑朗姆酒，醇厚芬芳，呈色深沉，多为棕红色或深褐色，因此也叫“红朗姆酒”。黑朗姆酒主要生产于牙买加，知名品牌有科尔瓦、迈耶斯等。饮用方面，纯饮与可乐等搭配比较常见，而用来调配鸡尾酒也颇受好评。

其他

辣朗姆酒中放入水果和香料；卡莎萨使用甘蔗酿制，产自巴西；黑糖烧酒产自日本的奄美诸岛。这几种酒精饮料都是各具特色的朗姆酒。

特点

朗姆酒的酿制方法和其中添加的焦糖决定了酒体的颜色。酒香方面，朗姆酒散发着浓郁的果香；口味方面，上乘的朗姆酒绵柔顺滑，令人唇齿留香。

色

口味较淡的朗姆酒的颜色是无色透明或白色的，也有的显示为金色至淡褐色；法式朗姆酒则为白色、琥珀色、淡褐色；而牙买加朗姆酒、德梅拉拉朗姆酒颜色深沉，甚至近于黑色。

香

白朗姆酒具有浓郁的花香、香蕉的果香、奶糖的甜香；金朗姆酒散发着香草的芬芳、蜂蜜味及异域水果的丰富香味；黑朗姆酒具有香料味、橙子皮的清香，以及太妃糖被烧焦的味道。

味

优质的朗姆酒味道均衡，甘蔗的口感、香料味和酒味融合得恰到好处，并常含有淡淡的坚果、杧果和香蕉的味道。另外，德梅拉拉朗姆酒能品尝出焦糖味，颜色深沉的朗姆酒则有一种糖蜜味。

龙舌兰酒

概述

墨西哥的国酒龙舌兰酒为本地特产，因奥运会而名声大噪，享誉全球。不是所有用龙舌兰酿制的酒都叫龙舌兰酒，只有产自墨西哥米却肯州、瓜纳华托州、哈利斯科州、塔毛利帕斯州这四个州的才能称为“龙舌兰酒”，其他的称为“麦斯卡尔”。以产地命名的特基拉酒是所有龙舌兰酒中品质最好的一款。调配鸡尾酒时也常使用龙舌兰酒做基酒，野莓龙舌兰、玛格丽特、反舌鸟这几种十分有名。

由来

2—3世纪就出现了龙舌兰酒酿造技术。那时，生活在中美洲的阿兹特克人通晓发酵酿酒技术，他们将汁液充沛、富含糖分的龙舌兰作为原料进行酿酒。他们划破龙舌兰茎，将流出来的汁水收集起来，并让其发酵，通过该方式获得的酒叫作普利克酒，这是一种与啤酒的酒精含量相差无几的龙舌兰酒，通常应用于宗教活动，也是一种宗教信仰物。随着蒸馏技术的引入，人们以龙舌兰为原料酿制出了蒸馏酒，这种蒸馏酒不断被改进，就形成了现在的特基拉、梅斯卡尔。

分类

混合类

以龙舌兰为原料，并混合其他含糖物质进行酿造，前者占51％以上，后者包括果糖、葡萄糖，占49％以下。

100%龙舌兰

只用龙舌兰进行酿造，不用其他原料，具有很高的纯度。

特点

龙舌兰酒种类很多，仅墨西哥就有约 350 款，因此颜色、香气和口味丰富多样。通常储藏时间越长的龙舌兰酒，辣味越小，黏度越大。

色

酒体呈现白、银两色的龙舌兰酒比较透亮；储藏时间不长的龙舌兰酒呈现金色至焦糖色；在木桶中长期储藏的龙舌兰酒，酒体颜色较重。

香

储藏时间不长的龙舌兰酒散发着药草味、泥土味和橘子香气，龙舌兰的植物香味十分鲜明；长期储藏的龙舌兰酒浓稠得如同黄油，味道略甜。

味

储藏时间较短的龙舌兰酒辣味浓烈；长期储藏的龙舌兰酒味道充盈饱满，十分顺滑，能尝出蜂蜜的甜味和焦糖的味道。

金酒

概述

世界第一大类烈酒金酒，也叫作杜松子酒，能与大多数饮料搭配，常用来调配鸡尾酒，不过有些金酒不宜用作鸡尾酒的基酒，例如原产于荷兰的金酒。英国、美国后来也开始生产金酒。产自英国的金酒主要是淡体金酒，其酒味清淡，不太甜。产自美国的金酒包括蒸馏金酒、混合金酒两种，酒味和英国产的金酒相似，都可以做基酒。金菲斯、新加坡司令等是有名的用金酒调制出的鸡尾酒。

由来

人们是怎么发现金酒能用来调配鸡尾酒的呢？这要从一场疟疾说起。当时在印度，汤力水因对治疗疟疾具有良好效果而得到普遍应

杜松子是杜松子树的莓果，金酒主要的香味来源于此

用，但其苦味令人望而却步。一次，被派去印度的英国军队中爆发了一场疟疾，军人嫌汤力水太苦，于是混合了金酒饮用，竟然意外的好喝。后来，这种混合酒精饮料传回英国，传遍欧洲，很快就凭借其独特的口感备受欢迎。由此人们开始将金酒列入基酒家族，研究并调制出了许多经典鸡尾酒，如汤姆柯林斯、尼格龙尼等。由于金酒酿制方法独特、口味复杂，与辅料的搭配千变万化，因此成为调制鸡尾酒的一大挑战。

分类

干金酒

干金酒的酿造方法是英式的，正式名称是伦敦干金酒，简称金酒。因此现在的“金酒”通常说的就是“干金酒”。它的主要用料是裸麦、麦芽和玉米，经过发酵、蒸馏后，要进行二次蒸馏，一种方法是放入杜松子等进行再次蒸馏，另一种方法是将原液混入含有杜松子等原料的蒸馏罐中进行蒸馏。做鸡尾酒基酒的基本都为干金酒。坦求来、哥顿、英国卫兵、吉利蓓、仙蕾等是世界知名干金酒品牌。

荷兰金酒

产自荷兰的金酒基本保留了最原始的酒味。相较于干金酒，荷兰金酒具有更为浓郁、丰厚的芳香，口味也比较厚实稳重，正因为如此，不宜做基酒，纯饮更为合适。

老汤姆金酒

老汤姆金酒是 2% 的糖分混合干金酒而成的一款金酒，酒味发甜。用它调制成的鸡尾酒有著名的汤姆柯林斯。如今它不常做鸡尾酒的基酒。

其他

世界上著名的金酒还有来自德国的辛肯哈根金酒。这款酒口味温和，不如干金酒浓烈，搭配啤酒饮用别有一番滋味。通常，德国人习惯于先饮用冰镇啤酒，再喝辛肯哈根金酒。另一种知名的金酒是加味金酒，它在酿制过程中选用水果，而非杜松子。

特点

金酒类型丰富，馥郁芳香极具变化。“干”，则是金酒味道的统一标准。

色

伦敦干金酒基本呈透明色，清澈见底；产自其他地区的金酒，则受到往储藏的木桶中增添的其他辅料（如藏红花）的影响，呈现为浅黄至淡金色。

香

金酒的芳香中混合了很多植物香气，因此气味丰富而纷杂，如肉蔻香、姜味、杜松子味、柠檬清香等。金酒中，有的还散发着独特的泥土香气。而一些金酒，如孟买蓝宝石，则具有香料的味道。

味

优质的金酒入口清冽、爽快，有刺激感，口感不能甜，也不能发腻；余味应纯粹、悠长。上乘的金酒则对其中的柑橘味、药草味有更好的平衡。

利口酒

概述

利口酒属于混合烈酒，其基酒部分是由一些烈性蒸馏酒和各种香料混合而成，常用的烈性蒸馏酒有朗姆酒、金酒、白兰地、威士忌等。利口酒中糖含量超过 2.5%，因此该类酒是暗色蒸馏酒，也是鸡尾酒常用的基酒之一。

由来

公元前800年，中国就已经有了用发酵的米酒制作酒精的方法；公元前400年，希腊人和古埃及人就已经开始以葡萄酒为原材料酿制烈性酒。据推测，他们当时已经制作出最初的利口酒，其方法就是把香料和水果浸泡在烈性酒中。

据考证，至少在中世纪的欧洲就已经出现了利口酒。13世纪，修道士痴迷“长生不老”的说法，为了达到这个目的，他们开始收集各种有药用特性的香料和药草并进行种植。但这些药草不易保存，要想能常年用其治病，必须找到能长期储存的方法。后来，修道士发现，将药草浸泡在酒精里能很好地将其保存。这种浸泡着“药”的酒精就是最初的药草利口酒。

最初，人们利用药草如百里香、香草等来增添利口酒的滋味，这些古老的配方一直流传至今

分类

香草·药草类

利口酒最初是作为药酒被研制的，起源于修道院，其中比较有代表性的包括当酒、荨麻酒等。此类利口酒还包括薄荷类利口酒、绿茶类利口酒，以及以紫罗兰花为原料酿制的紫罗兰利口酒等。除此之外，还有一些被划分到种子类或果实类的利口酒，但它们的成分依然是药草。

果实类

橙子利口酒是用橙子皮酿造的，很多鸡尾酒的调配都用到了它，应用极为广泛。除此之外，果实类利口酒还包括桃子利口酒、荔枝利口酒、黑刺李金酒、黑醋栗酒、杏仁白兰地等。

种子类

该类利口酒有分别以咖啡豆、可可豆为原料的咖啡利口酒、可可豆利口酒。另外，杏仁甜酒也是种子类利口酒，其制造原料就是杏仁。

其他

除上述所说，利口酒还有以奶制品如酸奶、奶油、鸡蛋等为原料制作的，比如百利甜酒，该酒是利用咖啡、巧克力、奶油制作而成，常添加在爱尔兰威士忌中。此外，“莫扎特”也是很有代表性的一种，其原料为可可和奶油，酒中的巧克力味非常浓厚。

特点

利口酒原料的选用范围十分广泛，包括蔬菜、药草、香料、水果、鲜花等，因此它的颜色和口味十分丰富。利口酒以其丰满、强烈的味道，赋予当代鸡尾酒最浓郁的口味。

色

利口酒不仅种类多，颜色也十分丰富。有特别清透或者中性的，如君度；还有一些是根据颜色来界定的，如鲜绿色的薄荷酒、鲜黄色的爱德沃卡酒等。

香

利口酒味道香甜，并且其香味和颜色一样纷繁，包括烤坚果味、柑橘皮味，以及各种水果味等，酿造时使用的各种原料就在这香气中被映射出来。

味

利口酒味道丰满、强烈，在众多饮品中独具一格。它的酒精度大多为 20%Vol，而非 40%Vol，所以没有烈性酒那么强劲，但其甜蜜的口感往往会让人忽略它的酒精含量，因此品尝时要当心。优质的利口酒在口腔中没有太腻的甜味，也不应该过于浓郁，回味起来是清新的，让人无倦腻感。

葡萄酒·香槟·啤酒

葡萄酒产生于公元前5000—前4000年，是世界上起源最早的酒，其原料就是葡萄。香槟就属于葡萄酒，含有碳酸，具有发泡性，不过真正的香槟指的只是在满足原料、制作方法等条件的前提下，生产于法国香槟地区的酒，而其他地区生产出来的被统称为汽酒。有关啤酒的记录最早可追溯到5000年前，是由苏美尔人酿造的。啤酒是一种酒精饮料，其主要原料是大麦芽和小麦芽，再加入啤酒花，然后经过液态糊化和糖化过程，最后通过液态发酵酿制而成。啤酒的类型和口味很多，非常适合调制鸡尾酒。葡萄酒可在用餐时直接饮用，适合餐前饮用的是用香槟和葡萄酒调制的鸡尾酒。

葡萄酒

葡萄酒按颜色分为三种，分别是白葡萄酒、红葡萄酒、无色葡萄酒。白葡萄酒的原料就是白葡萄，酿制时将皮和籽除去，发酵果肉便成。红葡萄酒的原料是红葡萄或黑葡萄，酿制时无须去皮和籽，将整个果实进行发酵即可。无色葡萄酒有两种酿制方法，一种是打断红葡萄酒的发酵过程，将皮和籽去除再接着发酵；另一种是直接以红葡萄或黑葡萄为原料，去掉皮和籽再进行发酵。

葡萄酒的产地众多，其口味和种类也非常丰富。辣口白葡萄酒是调制鸡尾酒经常使用的材料。除此之外，其他种类的葡萄酒也可以用来调制鸡尾酒，自己调制时可随意使用。

香槟/汽酒

含二氧化碳、有发泡性质的葡萄酒被统称为汽酒。根据法国香槟产区的相关法律，制作方法、原料等条件满足相关规定，并且是法国香槟产区特产的酒才能被叫作香槟。

制造汽酒有两种方法，一是直接将二氧化碳注入成品中；二是传统酿造法，即让产品进行二次发酵，容器是瓶子或者是密封的罐子。

制造产区不属于法国香槟地区，但制作方法与香槟一样的汽酒叫作起泡葡萄酒。其中生产起泡葡萄酒比较有名的有法国阿尔萨斯地区、意大利的阿斯蒂、西班牙的卡瓦等。

啤酒

我们知道葡萄酒的原料是葡萄，那么啤酒是用什么酿造的呢？答案是谷物。啤酒最常用的原料是小麦或者大麦，但是不仅限于此，其他谷物如黑麦、燕麦有时也会用到。各种酒花、药草和香料使每种啤酒各具特色，而其特别的滋味得益于发酵所使用的水质和酵母的品质。通常来说，啤酒中约含 5% 的酒精（当然，有些啤酒的酒精含量与 5% 相差较大），而且酿制地点一般不会选在酿葡萄酒的产区。

COCKTAIL

Part 4

经典 鸡尾酒系列

白兰地系列

边车

Side Car

制作材料：

白兰地……………30 毫升　橘橙酒……………15 毫升　柠檬汁……………15 毫升

调制方法：

1. 将上述三种材料倒入雪克杯中，摇匀。
2. 取鸡尾酒杯，将混合好的酒倒入其中。

此款酒是采用摇和法调制而成的典型鸡尾酒。白兰地基酒的甜味和橘橙酒、柠檬汁的酸甜口味绝妙地融合在一起，产生了非常美味的口感。该款酒还派生出了很多种鸡尾酒，比如将白兰地换作威士忌，调制出的就是“威士忌边车”。另外，“烈酒＋白色利口酒＋柠檬汁”是一种极为精妙的搭配，基酒的种类和每种材料的用量不同，调制出的鸡尾酒口味也大不相同。因此，

即使是同一款鸡尾酒，不同的酒吧或调酒师调出来的也具有不同的味道。

关于“边车”这个名字的由来，有人说是因为第一次世界大战期间，士兵常用的交通工具是“挎斗摩托（边车）”；也有人说是因为这款酒是在20世纪20年代，由一位来自巴黎哈丽兹·纽约酒吧的名为哈丽·马克路的专业调酒师创制的。

辛辣口味很受欢迎，因此此款鸡尾酒深受大众的喜爱。

史汀格

Stinger

制作材料：

白兰地………………40 毫升　白薄荷酒………………20 毫升

调制方法：

1. 将上述两种材料倒入雪克杯中，摇匀。
2. 取鸡尾酒杯，将混合好的酒倒入其中。

此款鸡尾酒诞生于美国纽约的一家餐厅，是典型的餐后酒。薄荷酒口感清凉，和白兰地混合就会产生较为刺鼻的酒味，同时使白兰地的风味展现出来。另外，白兰地有甜味，这种甜味和薄荷酒的清凉口感决定了此款鸡尾酒特别适合餐后饮用，饮用时还可以在装有酒的老式杯中兑入冰块。当以金酒为基酒时，其名字叫“白色羽翼”，又叫“白色金史汀格”“白色大道”；当以伏特加为基酒时，就叫作“白蜘蛛”，又叫“伏特加史汀格”。

尼古拉斯加

Nikolaschka

制作材料：

白兰地………………25 毫升　柠檬片………………1 片　砂糖………………少许

调制方法：

1. 将白兰地倒入利口酒杯中，白兰地占酒杯 9 成量。
2. 将柠檬片插在杯口上，再将砂糖撒在上面。

此款酒给人的印象非常深刻，虽然其名字带有俄罗斯风格，却是起源于德国，其饮用方法非常独特，并因此而知名。不同于其他酒调制之后直接饮用的品尝方式，喝该款酒时要先轻咬一口带有砂糖的柠檬片，接着喝一口白兰地，让白兰地与柠檬、砂糖在口中混合，从而形成鸡尾酒。所配的柠檬片可以根据自己的习惯全吃或者去皮吃。饮用前，可以先将白兰地冷却一下，这样口感会更加清爽美味。这款酒比较适合在夏季饮用。

美国丽人

American Beauty

制作材料：

白兰地……………20毫升　辛辣苦艾酒……………20毫升　石榴糖浆……………20毫升
橙汁……………20毫升　白薄荷酒……………30毫升　波特葡萄酒……………少量

调制方法：

1. 取雪克杯，除波特葡萄酒，将其余所有材料倒入其中，摇匀。
2. 取鸡尾酒杯，将混合好的酒倒入其中。然后将少量波特葡萄酒倒进去，使其在上层悬浮。

此款鸡尾酒的名字较为直白，顾名思义，它是面向女性的一款酒，成品具有非常漂亮的颜色。“美国丽人”是一种蔷薇花，产自美国，该种花四季均开放，花朵呈纯红色。为了调制出与花朵一样的颜色，调配人员在材料中添加了大量的石榴糖浆。该款鸡尾酒品尝起来非常甘甜，很受欢迎。

床笫之间

Between the Sheets

制作材料：

白兰地…………………20 毫升　白朗姆酒……………………20 毫升　橘橙酒……………………20 毫升
柠檬汁…………………1/2 茶勺

调制方法：

1. 将上述四种材料倒入雪克杯中，摇匀。
2. 取鸡尾酒杯，将混合好的酒倒入其中。

此款鸡尾酒诞生于 20 世纪 30 年代的巴黎，是由一位名叫哈里・麦克艾尔宏的著名调酒师调制出来的。这款酒以“边车”为基础，除了少量柠檬汁，其他材料都是烈性酒，所以具有较高的酒精度数。白兰地和白朗姆酒混合后的浓厚口味，配以橘橙酒浓郁的香味，使得这款鸡尾酒口感极佳。橘橙酒的甜味和柠檬汁的酸甜清爽混合在一起，产生平衡雅致的口感，能刺激食欲，因此这是一款非常适合餐前饮用的鸡尾酒。要想口感最佳，就要选用优质白兰地，如雅文邑、VSOP 干邑、VS 等。此酒也多在睡前饮用，由于饮用地点通常在卧室，还被人称作“睡帽”。

马颈

Horse's Neck

制作材料：

白兰地…………………45 毫升　柠檬皮…………………1 个　姜汁汽水………………适量

调制方法：

1. 将柠檬皮削成螺旋状，宽 1.5 厘米。
2. 先将白兰地倒入高杯中，再将柠檬皮挂于杯口。
3. 放入冰块，将剩余的空间用姜汁汽水填满。

此款鸡尾酒加入了柠檬皮、姜汁汽水，因此既有酸甜风味，又有较为爽快的口感，同时以高玻璃杯盛装，又用螺旋状柠檬皮做装饰，具有非常漂亮的外观，比较适合女性。制作时，如果保留柠檬果皮中的油脂，会产生非常鲜美的味道。基酒除了采用白兰地，也可以改用朗姆酒、金酒、威士忌等，口感同样美味。

此款酒之所以叫作“马颈”，有人说是因为挂在酒杯上的螺旋状柠檬皮看上去就像马的脖子；也有人说是因为美国总统西奥多・罗斯福骑马时经常品这款鸡尾酒，同时抚摸着马脖子。

蜜月

Honeymoon

制作材料：

苹果白兰地………………20 毫升　甜露酒………………20 毫升　柠檬汁………………20 毫升
橙味柑香酒………………90 毫升

调制方法：

1. 将上述四种材料倒入雪克杯中，摇匀。
2. 取鸡尾酒杯，将混合好的酒倒入其中。

此款鸡尾酒口感酸甜，颜色为淡琥珀色。苹果白兰地味道清香，口感柔和爽口，将其与“长寿秘酒”——甜露酒混合，再调入橙味柑香酒以及大量清爽的柠檬汁，使得该款鸡尾酒酸甜可口。如果想让酒的味道与此名称相符合，要选用优质的苹果白兰地——“拿破仑”。酒中散发的甜味可营造甜蜜的气氛。饮用时也可增大柠檬汁的量。食用前可先将酒杯冷却一下，这样能使饮品保持清新的滋味。

爱心

Bosom Caresser

制作材料：

白兰地……………20 毫升　橙味柑香酒……………10 毫升　石榴糖浆……………1 茶匀
蛋黄…………………1 个

调制方法：

1. 将上述四种材料倒入雪克杯中，用力摇匀。
2. 取香槟酒杯，将混合好的酒倒入其中。

此款鸡尾酒属于睡眠酒，通常在睡前饮用，能让人感到放松。其味道芳香、口感顺滑、色彩柔和，处处传达着“爱心”。

亚历山大

Alexander

制作材料：

白兰地………………30 毫升 可可利口酒………………15 毫升 鲜奶油………………15 毫升

调制方法：

1. 将上述三种材料倒入摇酒器中，摇晃使其充分混合。
2. 取鸡尾酒杯，将混合好的酒倒入其中；可根据个人口味添加肉豆蔻或果肉点缀。

这款鸡尾酒诞生于 1863 年，是调酒师为了祝贺丹麦公主亚历山德拉（Alexandra）与英国爱德华七世结婚特意创制的，并将其命名为“Alexander”。白兰地甜美芳香，可可利口酒具有香浓的巧克力味，再配以柔滑细腻的奶油，使得这款酒既有巧克力的甜味，又有奶油的顺滑口感，非常受欢迎。因为制作材料含有鲜奶油，因此摇晃时要迅速有力，剧烈一点。如果基酒不用白兰地而改用伏特加，那么调制出的就是另一款较受欢迎的酒，名为“芭芭拉”。如果用千金酒代替白兰地，用薄荷甜酒替换可可利口酒，调制出的鸡尾酒就是“亚历山大的妹妹”。

杰克玫瑰

Jack Rose

制作材料：

苹果杰克………………30 毫升　青柠汁………………15 毫升　石榴糖浆………………15 毫升

调制方法：

1. 将上述三种材料倒入雪克杯中，摇匀。
2. 取鸡尾酒杯，将混合好的酒倒入其中。

“Jack”指的是材料中的苹果杰克，是产自美国的一款苹果白兰地，此款鸡尾酒就是以此为基酒调制的。不过此款鸡尾酒用另一种苹果白兰地——法国的卡路威朵（Calvados）调制更佳，其最后的口感会比用苹果杰克调制出的更浓一些。青柠汁具有清爽的酸味，石榴糖浆具有甜味，这款鸡尾酒将二者融合，充分发挥出苹果白兰地的芳香。总之，这款鸡尾酒调制简单，清爽可口，并且乐趣多多。

蛋诺

Eggnog

制作材料：

白兰地	30 毫升	黑朗姆酒	15 毫升	鸡蛋	1 个
砂糖	2 茶匙	牛奶	适量	豆蔻粉	适量

调制方法：

1. 将冰块放入摇酒器中，再把白兰地和黑朗姆酒倒入，并加入鸡蛋黄和砂糖，剧烈地摇晃使其充分混合。
2. 将混合好的材料过滤到酒杯中，再倒入冷牛奶，搅拌均匀后，撒上些许豆蔻粉。

此款鸡尾酒也叫“牛乳酒”，诞生于15世纪的英格兰，名为“Posset”。这款酒的基酒一般是白兰地或威士忌，再配以鸡蛋、砂糖、牛奶和豆蔻粉，充分混合后，浓郁的奶味和酒味融合在一起，口感香醇鲜美。在美国，白兰地蛋诺是派对常用的鸡尾酒，是圣诞节必备饮品。如今，这款鸡尾酒已在世界各地流行开来，饮用也不分季节。

这款鸡尾酒味道甘甜，口感绵软，具有丰富的营养。冬天，可以将牛奶热一下，这样调制出的就是热白兰地蛋诺，能够祛风驱寒，是一款深受人们喜爱的西式蛋酒。另外，这款鸡尾酒有的种类没有酒精，比较适合不善于喝酒的人。

香榭丽舍

Champs Elysees

制作材料：

干邑白兰地……………36 毫升　黄色荨麻酒……………………12 毫升
柠檬汁……………………12 毫升　安哥斯特拉苦精酒……………少许

调制方法：

1. 将碎冰放入酒杯中，再把上述四种材料倒入其中，搅匀。
2. 将混合好的酒过滤到酒杯中。

此款鸡尾酒的名字来源于巴黎著名的香榭丽舍大街。干邑白兰地和药草系列的黄色荨麻酒调和在一起，再配以柠檬汁和少许苦酒，使得这款酒气味芳香，口感极为独特。

香榭丽舍大街被称为“世界最美的街道”，大街两旁是排列紧密的七叶树，每年 7 月 14 日，这里会举行巴黎节。另外，世界上最盛大的自行车比赛的终点也设在这条大街上。每到晚上，香榭丽舍大街都会成为巴黎最醒目的街道。这款鸡尾酒以这条街道的名字来命名，充满了浪漫风情。

樱花

Cherry Blossom

制作材料：

樱桃白兰地……………30 毫升	白兰地……………20 毫升	柳橙柑香酒……………60 毫升
柠檬汁……………60 毫升	石榴糖浆……………60 毫升	

调制方法：

1. 将上述材料倒入雪克杯中摇匀。
2. 将调和均匀的酒倒入事先准备好的鸡尾酒杯中。

这款酒加了大量樱桃白兰地，目的是将鸡尾酒的颜色调和到更加接近樱花的颜色。这款酒的颜色如同盛开的朵朵樱花。

威士忌系列

古典

Old Fashioned

制作材料：

黑麦威士忌（或波本威士忌）………………45 毫升　安哥斯特拉苦精酒………………2 大滴
方糖………………1 块　橙子片………………………1 片
甜味樱桃………………1 颗　柠檬片………………1 片

调制方法：

1. 在古典杯中放入方糖，加入苦精酒和威士忌。
2. 搅拌均匀，加入冰块，放上橙子片、柠檬片、樱桃装饰杯缘。

据说这款鸡尾酒诞生于美国肯塔基州一个名为彭德尼斯的俱乐部，是19 世纪中叶一个调酒师研制出来的。此款酒最初使用的基酒是当地的一种波本酒，叫作“古老的 1776 年”。因此，此款酒被命名为“古典”鸡尾酒。品尝这款鸡尾酒时，请用搅拌棒不断搅拌杯中的橙子片、柠檬片、樱桃以及方糖，在此期间，可根据个人喜好随意品尝。这款鸡尾酒虽然调制方法简单，但非常受鸡尾酒爱好者的欢迎。另外，这款酒的基酒还可换成朗姆酒或金酒。如果想品尝这款酒原产地的风味，基酒可以用美国产的波本威士忌或辛辣威士忌。

曼哈顿

Manhattan

制作材料：

黑麦威士忌……………… 45 毫升　甜味美思 ………………15 毫升　红必达士………… 1 滴
苦味酒……………………1 滴　樱桃……………………1 颗

调制方法：

1. 先在调酒杯中加入冰块，再将除樱桃外的其他材料倒入，搅匀。
2. 将混合好的酒过滤到载杯中，再用樱桃进行装饰。

这款酒有“鸡尾酒皇后”之称，其香味浓郁，口感甘甜，它从 19 世纪中叶开始陆续传播至世界各地。此酒很受女性的喜爱，它的原材料中有口味香甜的甜味美思，从而使得这款酒有了极佳的口感。

这款酒使用的基酒是美国年代最久远的威士忌——黑麦威士忌，也有人调制时将基酒换成加拿大威士忌，不过最为普遍的还是使用美国威士忌。关于“曼哈顿”这个名字的来源，没有统一的说法，有人说是因为曼哈顿的夕阳才有了这个名字，也有人说这个名字是前英国首相丘吉尔的母亲起的。

锈钉

Rusty Nail

制作材料：

苏格兰威士忌……………………30 毫升　杜林标酒……………………30 毫升

调制方法：

1. 将上述两种酒倒入岩石杯中。
2. 将冰块放入其中，搅拌均匀。

“锈钉”，顾名思义，就是生锈的钉子。单从这方面来看，这款酒似乎有较为悠久的历史，但事实上，它算是一款比较新的鸡尾酒，越南战争时期在世界范围内广泛传播。

杜林标酒原是英国皇室代代相传的一款酒，不过如今多由苏格兰斯凯岛一家名为麦建农酿酒公司的生产商酿制。这款酒现在之所以会在民间生产，是因为一个历史原因。1745 年，英国皇室发生叛乱，王位继承出现混乱，王子查尔斯爱德华举兵而战，但最终战败逃走，被胜方悬赏捉拿。四处躲藏的王子得到麦建农家族的帮助，顺利逃到了法国。为了感谢麦建农家族，王子告诉了他们杜林标酒的酿造方法。

在饮用这款酒时，不少人喜欢往里面加一些冰块。当然，室温下也可以不加冰块，这样会有更高的酒精度和更丰富的口感。苏格兰威士忌选用平衡好又不会太过浓郁的威雀。

德贝菲士

Derby Fizz

制作材料：

威士忌……………45 毫升	柠檬柑香酒……………1 茶匀	柠檬汁……………1 茶匀
砂糖………………1 茶匀	鸡蛋……………………1 个	苏打水……………适量

调制方法：

1. 往雪克杯中倒入除了苏打水以外的其他材料，猛烈摇和。
2. 摇和好后，将酒倒入坦布勒杯中，放入冰块，倒入苏打水将杯子填满。

这款菲士风格的鸡尾酒得名于英国的德比竞马大赛，适合慢慢饮用。“德贝菲士”混合了蛋黄味、柑橘类的果酸味，入口清新，醇和柔滑。外形上，“德贝菲士”和“金菲士”很像。但两者所用的基酒不同，“金菲士”用的是金酒，“德贝菲士”用的是威士忌（选用苏格兰威士忌更好）。

老朋友

Old Pal

制作材料：

黑麦威士忌………………20毫升　辛辣苦艾酒………………20毫升
金巴利………………20毫升

调制方法：

1. 在调和酒杯中加入上述三种材料进行调和。
2. 调和好后，将酒倒入鸡尾酒杯中。

在1920年美国颁布禁酒令之前，这款历史悠久的鸡尾酒备受欢迎。“老朋友”中蕴含黑麦威士忌的芬芳、苦艾酒的辛辣和金巴利淡淡的苦涩，带给人唇齿留香、醉意绵长的感觉。该酒呈深红色，优雅稳重的色泽与性情宁静、具有丰富阅历的饮酒人士非常相配。

作为一款美式鸡尾酒，“老朋友”通常选用黑麦威士忌做基酒，倘若缺少黑麦威士忌，加拿大威士忌也是一个不错的选择。正宗的黑麦威士忌，黑麦用料要充足，至少应达到51％。酿造工艺上，黑麦威士忌和波本威士忌如出一辙，因而两者有相同的代表品牌——“占边”“野火鸡”。不同之处在于，波本威士忌用的是玉米，因此味道不如黑麦威士忌那么辛辣、刺激。

薄荷朱莉普

Mint Julep

制作材料：

波本威士忌……………45 毫升　砂糖……………1.5 茶匀
薄荷叶……………5~6 片

调制方法：

1. 先将 3~4 片薄荷叶放入高杯中，然后使用吧勺捣烂薄荷叶，令薄荷香散发出来。
2. 放入冰块至杯满，再加入波本威士忌和适量砂糖充分搅拌以使杯外壁凝霜。点缀几片薄荷叶，最后将吸管放入。

“薄荷朱莉普”成名于美国的肯塔基赛马会（Kentucky Derby），是该赛马会的专用饮品。波本威士忌和薄荷叶是调配这款鸡尾酒非常重要的两种材料，装饰时还可使用柠檬片、樱桃、橙片、菠萝片等。此酒散发出清新爽利的薄荷香味，品尝时，调和至杯子外层结有白霜，这样能获得绝佳的口感。“薄荷朱莉普”用料新鲜、口感冰凉，很多鸡尾酒都由此延伸而来。

纽约

New York

制作材料：

黑麦威士忌……………………45 毫升　青柠汁……………………15 毫升
石榴糖浆……………………1/2 茶匀　橙皮……………………1 片

调制方法：

1. 在雪克杯中倒入除橙皮以外的其他三种材料，摇和使其均匀。
2. 摇和均匀后，将酒倒入鸡尾酒杯中，最后挤出橙皮汁淋入酒杯。

这是一款美式鸡尾酒，调配时选用产自美国的威士忌比较好，如波本威士忌、黑麦威士忌。该酒蕴含烟熏的香味和清新的酸味，前者来自威士忌，后者来自青柠汁，二者充分地混合使酒味富有层次感。得益于石榴糖浆的使用，这款“纽约”外观幽邃绚丽，具有夜色中繁华都市灯红酒绿的氛围感。调配时，应控制好石榴糖浆的用量，使用过多会令酒体的颜色呈现出粉红色。另外，还可以添加少量砂糖，通过对甜度的把控，能够取得意想不到的效果。

教父

Godfather

制作材料：

苏格兰威士忌………………45 毫升　杏仁甜酒………………15 毫升

调制方法：

1. 将上述两种材料倒入岩石杯中。
2. 放入适量冰块进行调和。

这款鸡尾酒得名于美国电影《教父》，受到男主演马龙·白兰度的追捧。它的口感取决于所使用的杏仁甜酒。杏仁甜酒是一款产自意大利的利口酒，以杏仁为原料，味道香甜醇厚。除了具有杏仁甜酒的口感，该酒还蕴含威士忌的芬芳，在冰块的作用下，这两种味道和谐统一，涩中带甜，余味悠长。很多威士忌可用来调配“教父”，但使用较多的是苏格兰威士忌。另外，若选用伏特加进行调配，所得的鸡尾酒就叫作“教母”。

威士忌酸

Whisky Sour

制作材料：

威士忌……………45 毫升　柠檬汁……………20 毫升　糖浆……………1 茶匙
柳橙片……………适量　酒味樱桃……………适量

调制方法：

1. 将冰块及上述所有材料放入摇酒器中，剧烈摇和，使材料充分混合。
2. 混合好后，将酒过滤至冰镇后杯壁挂霜的马提尼酒杯中。

“威士忌酸”历史悠久，在美国鸡尾酒发展史中占据非常重要的地位，其影响深远，备受赞誉，现在出现的很多鸡尾酒都受到它的启发。该酒将柠檬的酸发挥到了极致，尝起来非常爽口清凉。除了威士忌，白兰地、朗姆酒、金酒、龙舌兰酒等也可用于制作酸味鸡尾酒。

目前，最为流行的“威士忌酸”使用的仍是原始“威士忌 + 糖 + 酸”的调制方法。不过，人们也进行了一些创新，例如放入蛋清，调配出经典威士忌酸（波士顿酸），若想减少酒精含量，可以兑入少许苏打水。

伏特加系列

血腥玛丽

Bloody Mary

制作材料：

伏特加………………45 毫升　柠檬片………………1 片　番茄汁………………补足剩余

调制方法：

1. 取干净的坦布勒杯一个，倒入伏特加，并取柠檬片进行装饰。
2. 在伏特加中加入冰块，然后用番茄汁将坦布勒杯注满，最后放入搅拌棒。

这款鸡尾酒颜色醒目，倒入番茄汁的伏特加搭配柠檬片，令人有一种血腥的刺激感。这款鸡尾酒在市面上极受欢迎。

这款鸡尾酒的名字来源于在历史上极富争议的一位英国女王，也就是那位造成严重宗教冲突的玛丽一世。“血腥”二字精准地概括了人们对她的印象。

玛丽一世并非生来嗜血，她的人生经历与其所处的动荡环境密切相关。她的童年充满了激烈的宗教冲突，其母亲凯瑟琳是一位西班牙公主，忠诚信仰天

主教，她的父亲亨利八世则出于对凯瑟琳的厌弃而激烈地攻击天主教，为此甚至反对罗马教皇，继而通过支持新教来残害天主教徒。在这种环境下成长起来的玛丽一世出于叛逆，同时也出于自身执拗的性格，成了天主教的坚定信仰者，并立下志向，要将信仰新教的人赶出自己的国家。执掌政权后，她迫不及待地恢复了天主教的原有地位，并实施了一系列对新教徒的迫害政策。根据相关统计，在她执政期间，仅被绑在火刑柱上施以死刑的人就有 300 人以上，不得不到国外求生的新教徒更是多得无法计算。她的残暴行径使她被她的子民称为“血腥玛丽”。当她因病去世的消息传出时，百姓敲响了表示喜悦的钟声。而接过她权力的人，就是她的妹妹——在西方历史上广受赞誉的伊丽莎白一世。

螺丝刀

Screwdriver

制作材料：

伏特加………………45 毫升　橙汁………………补足剩余　橙片………………1 片

调制方法：

1. 取一个小规格坦布勒杯，倒入伏特加。
2. 在杯中放入冰块，然后用橙汁将酒杯注满，最后放置橙片作为装饰。

现在的人们普遍认为，这款鸡尾酒得名于“Gimlet”，这一单词还有一个含义，即“小手钻”。因为早期储存饮品的主要工具是木桶，酸橙汁也不例外，所以人们如果想取出酸橙汁，就要用小螺丝刀将木桶盖划出一个小口，因而螺丝刀与这款鸡尾酒有密切的关系。这款鸡尾酒用伏特加作为基酒，原因是伏特加本身的气味等性质较淡，能够较好地保留橙汁的味道，而且由于品尝之初不易感受到酒精的味道，因而使一些对酒类饮品持谨慎态度的女孩子也能畅饮，乃至不知不觉之间已然大醉。因此，这款鸡尾酒被一些幽默的人称为“女士杀手”。

莫斯科骡子

Moscow Mule

制作材料：

伏特加………………45 毫升　青柠汁………………1/2 个青柠的量　青柠片………………1 片
姜汁啤酒………………补足剩余

调制方法：

1. 取一个坦布勒杯，倒入伏特加与青柠汁。
2. 在杯中放入冰块，取姜汁啤酒将杯注满。
3. 用青柠片进行装饰，最后放入搅拌棒即可。

这款鸡尾酒的烈度较高，其配方是美国哈利威多酒吧的欧那发明的。欧那发明这款鸡尾酒的本意是解决姜汁啤酒大量积存无法售出的困境，他和伏特加制造厂的负责人商议后，便将这款鸡尾酒推向市场，没想到效果极好，市面反响强烈。

“Moscow Mule”除了指代莫斯科培育的骡马外，还指被骡马踢倒。从口感来讲，这个名字搭配这款鸡尾酒实在合适，因为这款鸡尾酒清凉的口感确

实给人一种倒地般的畅快感觉，它适合在炎炎夏日饮用，对消解暑气很有帮助。另外，调制这款鸡尾酒时，可用姜汁汽水取代姜汁啤酒，同样有不错的口感。这款鸡尾酒适合搭配铜制马克杯，在酒吧也偶尔搭配玻璃杯。

黑色俄罗斯

Black Russian

制作材料：

伏特加……………40 毫升　咖啡利口酒……………20 毫升

调制方法：

1. 取岩石酒杯，倒入伏特加、咖啡利口酒。
2. 取冰块加入酒中进行调和。

这款鸡尾酒是 20 世纪中期，比利时的调酒师古斯塔夫·托普斯（Gustave Tops）结合伏特加和咖啡利口酒的优点调制出来的，最初是为了供当时担任美国驻卢森堡大使帕尔·梅斯塔饮用，后来受到人们的广泛欢迎，一直到今天都颇有影响力。伏特加本身极淡的气味使得咖啡利口酒的醇和口感和咖啡般的香气能够较好地得到发挥，饮用的人能够同时享受到美酒的口感和咖啡的香醇。

雪国

Yukiguni

制作材料：

伏特加………………40 毫升　白色柑香酒………………20 毫升　柠檬汁………………2 茶匀
绿樱桃………………1 个　砂糖………………少许

调制方法：

1. 取雪克杯，倒入伏特加、白色柑香酒、柠檬汁，摇晃使之混合均匀。
2. 另取酒杯，将酒杯边缘沾上砂糖，然后将混合均匀的酒倒入，最后用绿樱桃进行装饰。

这款鸡尾酒由井山计一调制而成，调制后便参加 1958 年由“寿屋”（日本三得利株式会社的前身）主持举办的鸡尾酒大赛，并获得冠军。这款鸡尾酒不同于那些烈性酒，其口感醇和细腻，受到很多鸡尾酒爱好者的赞誉。这款酒的味道中融入了砂糖的甜，还加入了白色柑香酒自带的馨香甘甜，因此这款鸡尾酒的卖点不是烈度，也不是清爽，而是香甜。柠檬汁的加入使得该酒的甜味不至于太腻，而绿樱桃更是神来之笔，使得这款鸡尾酒赏心悦目。

巴拉莱卡

Balalaika

制作材料：		
伏特加………………30毫升	白柑桂酒………………15毫升	柠檬汁………………15毫升

调制方法：

1. 取雪克杯，倒入伏特加、白柑桂酒、柠檬汁，摇晃使之混合均匀。
2. 调制好后把酒倒入搭配的酒杯中。

“Balalaika”指一种形状为三角形，看上去酷似曼陀林的俄罗斯弦乐器。在鸡尾酒界，伏特加与俄罗斯几乎是从未分离的两个概念，而这款鸡尾酒采用伏特加作为基酒，人们便很自然地寻找俄罗斯的意象为它命名。这款鸡尾酒独特的刺激味蕾的口感，让人仿佛置身俄罗斯欣赏着浪漫的乐曲，这种乐趣使它在鸡尾酒界颇受欢迎。其实，这款鸡尾酒是“边车”鸡尾酒的派生产品，因此也被称为“伏特加边车”。如果你愿意费些精力把这款鸡尾酒的基酒进行调整，还可以配出“白色丽人”等各种口味美妙的鸡尾酒。

蓝色潟湖

Blue Lagoon

制作材料：

伏特加………………30 毫升　蓝色柑香酒………………20 毫升　柠檬汁………………20 毫升
柠檬片………………1 片　橙片………………1 片　樱桃………………1 个

调制方法：

1. 取雪克杯，倒入伏特加、蓝色柑香酒、柠檬汁，摇晃使之混合均匀。
2. 取香槟酒杯，把混合均匀的酒倒入。取樱桃、橙片及柠檬片进行搭配，配好后在杯中放一根吸管。

这款鸡尾酒的名字来源于它本身呈现的颜色，蓝色柑香酒的加入使这款鸡尾酒带有欧洲咸水湖般的美妙色泽。这款酒用伏特加作为基酒，以最大限度地保留蓝色柑香酒的清爽口感。这款酒诞生于 1960 年，诞生地是法国巴黎，至今仍受到鸡尾酒爱好者的喜爱。

热吻

Kiss of Fire

制作材料：

伏特加………………20 毫升　辛辣苦艾酒………………20 毫升　斯洛金酒………………20 毫升
柠檬汁………………60 毫升　砂糖………………少量

调制方法：

1. 取雪克杯，倒入伏特加、辛辣苦艾酒、斯洛金酒、柠檬汁，摇晃使之混合均匀。
2. 另取酒杯，将酒杯边缘沾上砂糖，然后将配好的酒倒入。

这款鸡尾酒自诞生时便颇受追捧，它是 1955 年日本第 5 届饮料评比大赛中的冠军作品。调制出这款酒的人是石冈贤司。比赛举办时，歌手路易·阿姆斯特朗的歌曲 *Kiss of Fire* 正风靡于大街小巷，这款鸡尾酒便因此而得名。这款鸡尾酒的特点是其散发出的香气很浓。

咸狗

Salty Dog

制作材料：

伏特加……………… 20 毫升　西柚汁……………… 40 毫升　盐……………… 少许

调制方法：

1. 取岩石酒杯，将酒杯边缘沾上盐，然后往杯中倒入伏特加。
2. 在酒杯中放入冰块，倒入西柚汁，调和至均匀。

这款鸡尾酒以伏特加作为基酒，使西柚汁的清爽口感得以尽情发挥，也使这款鸡尾酒成为夏季较好的解暑饮品。盐的加入使这款鸡尾酒带有一丝雪景的美感，如果不加盐，则这款鸡尾酒被称为“蓝狗”。

这款鸡尾酒在英国最初被调制出来时，其基酒是金酒，所以当时被人们称为“软狗克林”。后来人们将基酒换为伏特加酒，使这款鸡尾酒受到广泛欢迎，先后流行于美国、日本等地。

海风

Sea Breeze

制作材料：

伏特加……………30 毫升　蔓越橘汁……………60 毫升　葡萄柚汁……………60 毫升

调制方法：

1. 取雪克杯，倒入伏特加、蔓越橘汁、葡萄柚汁，摇晃使之混合均匀。
2. 将调制完成的鸡尾酒缓缓倒入搭配的酒杯中。

这款鸡尾酒的历史可以追溯到 20 世纪 20 年代，最初可能是在纽约调制而成的，问世以来一直颇受鸡尾酒爱好者的喜爱。这款鸡尾酒的特点在于蔓越橘汁的优点被最大限度地保留下来，同时，在这款鸡尾酒的配方中，果汁相较于伏特加的含量较高，因而适合各类人群饮用。

朗姆酒系列

自由古巴

Cuba Libre

制作材料：

浅色朗姆酒……………………45 毫升　　青柠……………………1/6 个量　　可乐……………………补足剩余

调制方法：

1. 取坦布勒杯，倒入浅色朗姆酒。
2. 取青柠加入酒杯中。
3. 在酒杯中放入冰块，用可乐将酒杯注满，然后放入搅拌棒。

这款鸡尾酒的名字来源于 1902 年在古巴发生的针对西班牙的独立战争。当时“Cuba libre”（自由的古巴万岁）被英勇的古巴人民用作纲领性口号。配方中的可乐在当时的文化氛围中也代表自由。由于这款鸡尾酒与其他鸡尾酒相比加入了可乐，所以口感更加清爽，适宜夏日在沙滩上饮用。

迈阿密

Miami

制作材料：

浅色朗姆酒………………40 毫升　白色薄荷酒………………20 毫升
柠檬汁………………1/2 茶匀

调制方法：

1. 取雪克杯，倒入浅色朗姆酒、白色薄荷酒、柠檬汁，摇晃使之混合均匀。
2. 取搭配的酒杯，将配制好的鸡尾酒倒入。

这款鸡尾酒由于加入了白色薄荷酒，所以口感清爽可口。朗姆酒自带的柔和以及薄荷酒、柠檬汁带来的清爽，使人仿佛处在迈阿密轻柔的海风和蔚蓝的天空下。如果把薄荷酒替换为白柑桂酒，则可以品尝到“迈阿密宾治”这款鸡尾酒。

迈泰

Mai Tai

制作材料：

浅色朗姆酒………………45 毫升	橘橙酒………………1 茶匀	菠萝汁………………1 茶勺
柠檬汁………………1 茶勺	菠萝片………………1 小片	樱桃………………1 个

调制方法：

1. 取雪克杯，倒入浅色朗姆酒、橘橙酒、菠萝汁、柠檬汁，摇晃使之混合均匀。
2. 取大规格岩石杯，在其中加满碎冰块，然后把调制好的酒倒入。
3. 取菠萝片和樱桃进行装饰，装饰完成后在酒杯中放入两根吸管。

这款鸡尾酒是典型的热带鸡尾酒，被鸡尾酒爱好者视为热带饮品中的女王。“Mai Tai”的意思是“极好的”。这款鸡尾酒可以按照喜好随意调制，如采用具有柔和口感的朗姆酒或芳香的柑香酒作为基酒，加入适量果汁，配合碎冰放入大型玻璃杯中。这款酒较适合在热带的沙滩上或泳池旁饮用。

椰林飘香

Pina Colada

制作材料：

白色朗姆酒……………30 毫升　菠萝汁……………80 毫升　椰奶……………45 毫升
菠萝片……………1 小片　樱桃……………1 个

调制方法：

1. 取雪克杯，倒入白色朗姆酒、菠萝汁、椰奶，摇晃使之混合均匀。
2. 取大规格玻璃杯，倒满碎冰，然后将调制好的鸡尾酒倒入。
3. 取菠萝片、樱桃进行装饰，装饰完成后放入两根吸管。

这款鸡尾酒最初在迈阿密被配制出来，流行至今。“Pina Colada”的意思是“菠萝茂盛的山谷”。这款鸡尾酒以朗姆酒为基酒，配合椰奶、菠萝汁，同时用菠萝片及樱桃进行装饰，可谓色、香、味俱全。因为配方中含有大量菠萝汁和椰奶，所以这款鸡尾酒的酒精含量不高，适合大多数人饮用。这款鸡尾酒最大的特色就是含有大量菠萝汁，同时椰奶的加入使这款鸡尾酒呈现出一种类似于牛奶的状态，如果不喜欢这种状态，也可以采用深色朗姆酒作为基酒，以加深色泽。

蓝色夏威夷

Blue Hawaii

制作材料：

白色朗姆酒………………30 毫升　蓝色柑香酒………………15 毫升　菠萝汁………………30 毫升
柠檬汁………………15 毫升

调制方法：

1. 取雪克杯，倒入白色朗姆酒、蓝色柑香酒、菠萝汁、柠檬汁，摇晃使之混合均匀。
2. 取大规格酒杯，倒入足量碎冰，将调制好的鸡尾酒倒入，取热带水果及鲜花进行装饰，装饰完成后在酒杯中放入两根吸管。

这款鸡尾酒的设计是以夏威夷风情为灵感。蓝色柑香酒湛蓝的色泽像极了浩瀚的海洋，漂浮在酒面上的碎冰代表涌动的浪花，作为装饰的热带水果及鲜花象征微风吹拂下海滩的动人风景。美妙的外观搭配清爽的口感，足以让人爱上它。

绿眼

Green Eyes

制作材料：

冷朗姆酒……………30 毫升	甜瓜利口酒……………25 毫升	菠萝汁……………45 毫升
可可甜酒……………15 毫升	青柠汁……………15 毫升	青柠片……………1 片

调制方法：

1. 将配方中的各类饮品混合均匀。
2. 取大规格酒杯，将混合均匀的酒倒入，并以青柠片作为装饰，最后放入吸管。

这款鸡尾酒的"履历"非常耀眼，它诞生于 1983 年举办的"全美鸡尾酒大赛"，当时这款鸡尾酒获得了冠军，并成为 1984 年在洛杉矶举办的奥运会的官方指定饮料。这款鸡尾酒的名字来源于其亮绿色的美丽色泽。总体而言，这款鸡尾酒口感清爽，气味芳香宜人，味道甘甜可口。

百家地

Bacardi Cocktail

制作材料：

百家地朗姆酒………………45 毫升　　青柠汁………………15 毫升
石榴糖浆………………1 茶匀

调制方法：

1. 取雪克杯，倒入百家地朗姆酒、青柠汁、石榴糖浆，摇晃使之混合均匀。
2. 取搭配的酒杯，将调制好的鸡尾酒倒入。

这款鸡尾酒于 1933 年在古巴初次调制出来，其研发初衷是提高古巴百家地公司的鸡尾酒销量。后来由于商务纠纷，美国纽约州最高法院判定，该款鸡尾酒只能采用百家地朗姆酒来调制。这款鸡尾酒因为这次纠纷而广为人知。此酒口感清爽宜人，由于加入了石榴糖浆，因此外观上略显粉色。

得其利

Daiquiri

制作材料：

白色朗姆酒………………45毫升　青柠汁………………15毫升　砂糖………………1茶匀

调制方法：

1. 取雪克杯，倒入白色朗姆酒、青柠汁、砂糖，摇晃使之混合均匀。
2. 取搭配的酒杯，将调制好的鸡尾酒倒入。

这款鸡尾酒得名于古巴的一座矿山，其配方是那座矿山的一名矿工制定的。这款鸡尾酒最初被调制出来是用于解暑。它是朗姆酒系列鸡尾酒中的代表作，其特点是清爽可口，略带酸味。这款鸡尾酒也是基酒和果汁搭配的优秀代表，口味柔和的朗姆酒配上酸酸的青柠汁，再溶入砂糖，使口味酸甜适中，适合一日三餐饮用。

冰冻得其利

Frozen Daiquiri

制作材料：

白色朗姆酒………………45 毫升　青柠汁………………15 毫升　石榴糖浆………………2 茶匀

调制方法：

1. 取岩石杯，倒入白色朗姆酒、青柠汁、石榴糖浆，摇晃使之混合均匀。
2. 待酒呈冰糕状，取香槟酒杯，将酒倒入。

这款鸡尾酒由古巴的一位矿工研发，研发之初，配方中并没有冰块，加入冰块的想法来自一位古巴调酒师。这款鸡尾酒能广为人知得益于大文学家厄内斯特·海明威。他喜欢这款鸡尾酒，不过一般不加糖。总体来说，这款鸡尾酒对身处炎炎夏日的鸡尾酒爱好者是个不错的选择。

龙舌兰酒系列

龙舌兰日出

Tequila Sunrise

制作材料：

龙舌兰酒………………45 毫升　橙汁………………补足剩余　石榴糖浆………………2 茶匀

调制方法：

1. 取酸酒杯，倒入龙舌兰酒、橙汁，使其混合均匀。
2. 将石榴糖浆顺杯壁缓缓倒入，让其沉到杯底。

这款鸡尾酒在外观上的特点来自沉入杯底的石榴糖浆，不过如果酒杯过大的话，石榴糖浆的量就要加大。这款鸡尾酒有美好的寓意，如果你举起酒杯从下往上看，就会发现酒的颜色变化像极了日出时被朝阳映照的天空。这款酒开始流行是在 1972 年，当时滚石乐队在巡演中饮用了这款鸡尾酒。

斗牛士

Matador

制作材料：

龙舌兰酒……………30毫升　菠萝汁……………45毫升　青柠汁……………15毫升
菠萝片……………1小片　青柠片……………1片

调制方法：

1. 将菠萝汁、青柠汁、龙舌兰酒倒入雪克杯中摇和均匀。
2. 将混合好的酒倒入小巧的坦布勒杯中，然后加入冰块。
3. 用青柠片和菠萝片进行装饰。

这款鸡尾酒是以龙舌兰酒为基酒制作的，属于热带鸡尾酒的一种，人们称它为“斗牛士”。斗牛是欧洲最危险的传统运动之一，其中以西班牙斗牛最为著名。斗牛运动是斗牛士与牛的一场生死搏斗，这款鸡尾酒就是以这个运动中英勇的斗牛士而命名的，由此可见，这款鸡尾酒的口味是多么猛烈。其中青柠汁与菠萝汁又给鸡尾酒增添了几分柔和，这也许是为了反映斗牛士猛烈性格中暗含着些许温情吧。

八哥

Mockingbird

制作材料：

龙舌兰酒………………30 毫升　绿薄荷酒………………15 毫升　青柠汁………………15 毫升

调制方法：

1. 将上述三种材料倒入雪克杯中摇和均匀。
2. 将混合均匀的酒倒入事先准备好的鸡尾酒杯中。

“Mockingbird”的意思为“八哥”，这种鸟早期生活在墨西哥，它能像鹦鹉一样，学习其他鸟鸣叫，也能学人说话。这款鸡尾酒的基酒是龙舌兰酒，它是墨西哥名酒之一，因此人们就用墨西哥具有代表性的鸟类——“八哥”来命名。它同“斗牛士”一样，也是一款热带鸡尾酒。由于它色泽鲜亮夺目，具有年轻人的朝气，所以深受年轻人的推崇和喜爱。它是一款新式鸡尾酒，酒中掺有绿薄荷酒，其清新的绿色不禁让人联想到空气清新的森林，所以这种感觉似乎从视觉转移到了味觉上，让人倍感清新舒畅。

玛格丽特

Margarita

制作材料：

龙舌兰酒………………30 毫升　白色柑香酒………………15 毫升　青柠汁………………15 毫升
盐………………少许

调制方法：

1. 将龙舌兰酒、白色柑香酒、青柠汁依次倒入雪克杯中摇和。
2. 将香槟酒杯沾上盐边，然后将调和均匀的酒倒入香槟酒杯中。

关于玛格丽特鸡尾酒的命名有个浪漫的传说：其发明者的恋人在一次狩猎事故中不幸死去，发明者无比痛心，就将此款酒以恋人的名字“玛格丽特”来命名，以纪念自己的恋人，寄托自己无尽的哀思。因此这款酒深受恋爱中的人们的喜爱，他们彼此对饮，将对爱情的忠贞寄托其中。这款鸡尾酒在 1949 年的“全美鸡尾酒大赛”中获得冠军，声名远扬。

冰冻玛格丽特

Frozen Margarita

制作材料：

龙舌兰酒………………30 毫升	白色柑香酒………………15 毫升	青柠汁………………15 毫升
砂糖………………1 茶匀	盐………………少许	

调制方法：

1. 将龙舌兰酒、白色柑香酒、青柠汁、砂糖一起倒入调酒杯中，再加入碎冰块摇和均匀。
2. 将混合好的酒倒入沾上盐边的鸡尾酒酒杯中。

这款酒是在“玛格丽特”鸡尾酒中加入冰块，所以具有冰冻风格。冰块冰凉剔透，不仅让人从视觉上倍感清爽，而且降低了鸡尾酒的酒精浓度，在夏季炎热的夜晚、艳阳高照的海边、游泳池边喝它再合适不过了。其中的配料白色柑香酒也可调换为橘橙酒。如果追求色彩的多变，可用蓝色柑香酒替换，这样，一款蓝色冰冻玛格丽特鸡尾酒就调和而成了，冰块的清爽加上蓝色的幽深，使这款饮品更加沁心可口。

马提尼

Tequini

制作材料：

龙舌兰酒………………30 毫升　辛辣苦艾酒………………10 毫升　橄榄………………1 个
柠檬皮………………1 片

调制方法：

1. 将龙舌兰酒、辛辣苦艾酒、橄榄都倒入调和杯中摇和均匀。
2. 将混合好的酒倒入事先准备好的鸡尾酒杯中，再将柠檬皮的汁挤入其中。

龙舌兰酒为此款酒的基酒，其为马天尼鸡尾酒的一种。虽然此款酒的名字中并未涉及“马天尼”这几个字，但它同样归于马天尼系列。

草帽

Straw Hat

制作材料：

龙舌兰酒………………45 毫升　柠檬块………………适量　番茄汁………………适量

调制方法：

1. 往酒杯中放入碎冰块，再将龙舌兰酒倒入其中，接着用冷藏的番茄汁注满酒杯。
2. 用柠檬块进行装饰。

这款酒是以龙舌兰酒为基酒，再加入番茄汁调兑而成的，红色的番茄汁给人一种健康的感觉，此酒被命名为“草帽”，容易让人联想到墨西哥长年炙热的太阳。这款酒是“血腥玛丽”鸡尾酒的另类品种，如果将基酒换成金酒，则被称为“血腥汤姆”。此外，如果把基酒换成啤酒，则又被称为“红眼睛”等。

金酒系列

马天尼

Martini

制作材料：

辛辣金酒………………40 毫升　辛辣苦艾酒………………20 毫升　橙色苦味酒………………1 滴
橄榄………………1 个　柠檬………………1 片

调制方法：

1. 将辛辣金酒、辛辣苦艾酒、橙色苦味酒依次倒入调酒杯中进行调和。
2. 将混合均匀的酒倒入鸡尾酒杯中。
3. 用橄榄、柠檬片进行装饰。

这款酒有“世界鸡尾酒之王”之称，它口味辛辣，深受人们的青睐。马天尼以杜松子酒加某种酒为原型，起初主打甜味，这种甜味来自甜苦艾酒。后来随着人们口味的改变，辛辣的口感逐渐占据主导位置。

汤姆柯林斯

Tom Collins

制作材料：

辛辣金酒……………………45毫升	柠檬汁……………………60毫升	砂糖……………………3茶匀
苏打水……………………补足剩余	柠檬片……………………1片	樱桃……………………1个

调制方法：

1. 将辛辣金酒、砂糖、柠檬汁加入调酒杯中轻轻摇和。
2. 将调和好的酒倒入事先准备好的高杯中。
3. 加入冰块，用苏打水注满高杯。
4. 用樱桃、柠檬片进行装饰。

此款鸡尾酒历史悠久，最早可追溯到19世纪早期。它确切的来历无人知晓，但人们口耳相传，都知道它是在伦敦著名的利摩酒店（Limmer's）由一名调酒师调配而成的，这个调酒师的名字叫柯林斯。最初的基酒是荷兰金酒，之后人们逐渐加以改良，将荷兰金酒替换为“老汤姆”，此酒口味比荷兰金酒更甜一些，是一种伦敦干金酒，于是，“汤姆柯林斯”鸡尾酒便问世了。

“汤姆柯林斯”在调配时，先将材料依次倒入杯中，然后开始摇和，此时要注意手法，摇和的幅度切忌过大，这样才有利于各种材料的融合。

新加坡司令

Singapore Sling

制作材料：

干金酒……………45 毫升　雪利白兰地……………20 毫升　柠檬汁……………20 毫升
苏打水……………适量　柠檬片……………1 片

调制方法：

1. 将除柠檬片与苏打水之外的其他材料倒入雪克杯中进行摇和。
2. 将调和均匀的酒倒入坦布勒杯中，接着加入冰块，再用苏打水注满坦布勒杯。
3. 用柠檬片进行装饰。

新加坡司令鸡尾酒诞生于被欧洲国家称为“充满异国情调的东方神秘之地”的非常有名的莱佛士酒店。该款酒是 20 世纪初发明的，创作者是严崇文（Ngiam Tong Boon），他当时是一名调酒师，在新加坡莱佛士酒店打工。这款鸡尾酒是由金酒和樱桃白兰地调和而成的，其将前者的辛辣清爽与后者的馥郁芳香很好地融合在一起。这款酒跻身世界名酒之列，但是多数人更喜欢这款鸡尾酒的改良款。据说它改良于伦敦一家著名的酒店，改良后，它的酒谱变得更为简单。

蓝月

Blue Moon

制作材料：

辛辣金酒………………30 毫升　紫罗兰利口酒………………15 毫升　柠檬汁………………15 毫升

调制方法：

1. 将辛辣金酒、紫罗兰利口酒、柠檬汁依次倒入雪克杯中摇匀。
2. 将调和均匀的酒倒入事先准备好的鸡尾酒杯中。

这款鸡尾酒取名为“蓝月”，“蓝月”在外文中还有“委婉拒绝”之意，这个名字赋予了这款鸡尾酒神秘感。金酒的辛辣与柠檬的酸味混合在一起，使其口感绝佳。另外，这款鸡尾酒的颜色与其说是蓝色，不如说是淡紫色，这种淡淡的紫色让人联想到充满浪漫色彩的紫罗兰花瓣。其实这款鸡尾酒的配料紫罗兰利口酒正是以紫罗兰的花瓣为原料酿造出来的。这款酒从味觉和视觉两个方面，给人带来极高的感官享受。

吉布森

Gibson

制作材料：

辛辣金酒………………50 毫升　辛辣苦艾酒………………10 毫升　小洋葱………………1 个

调制方法：

1. 将辛辣金酒、辛辣苦艾酒倒入雪克杯中摇和均匀。
2. 将混合均匀的酒倒入鸡尾酒杯中。
3. 用小洋葱进行装饰。

为什么这款鸡尾酒会取名为“吉布森”？答案有很多种。其中一个广为流传的说法是，它的名字源于 19 世纪末美国著名画家查尔斯·吉布森。他早年生活在纽约，为了寻找灵感常到一家俱乐部喝酒，由于酒量差，容易喝醉，所以他常在高杯中投放洋葱，如此，酒的容量就减小了。

这款鸡尾酒的名字不是固定不变的，而是会根据洋葱的种类不同进行命名。这款酒的制作材料与马天尼酒非常相似，区别是马天尼酒是以橄榄作为

装饰而非洋葱。此外，马天尼鸡尾酒中金酒的配量较少，味道没有吉布森辣。吉布森的对象是成人，它的酒精度数较高，所以跟马天尼酒相比，人们更喜欢口味辛辣的吉布森。

宝石

Bijou

制作材料：

辛辣金酒……………20毫升	甜味苦艾酒……………20毫升	绿色查尔特酒……………20毫升
柳橙苦汁……………30毫升	樱桃……………1个	柠檬皮……………1片

调制方法：

1. 将辛辣金酒、绿色查尔特酒、甜味苦艾酒倒入雪克杯中摇匀。
2. 将混合均匀的酒倒入鸡尾酒杯中。
3. 用樱桃进行装饰，最后挤几滴柠檬皮汁滴入鸡尾酒杯中。

“Bijou”外文有“宝石”的意思，其还被称为金固路、翡翠绿、安巴·朵里姆鸡尾酒。辛辣金酒在加入绿色查尔特酒和甜味苦艾酒后，色泽金黄，沉入杯底的樱桃就像一颗红宝石。该酒入口时有淡淡的甜味，让人回味无穷。

红粉佳人

Pink Lady

制作材料：

辛辣金酒………………1 杯　蛋清………………1 个　石榴糖浆………………2 茶匀

调制方法：

1. 将辛辣金酒、蛋清、石榴糖浆倒入雪克杯中大力摇和。
2. 将混合均匀的酒倒入事先准备好的鸡尾酒杯中。

此款鸡尾酒在口味上比金菲士更甜，品质润滑，色泽鲜艳，大多数喜欢喝金酒的人也喜欢喝这款酒。蛋清增添了红粉佳人的润滑口感，饮一口如奶油在口中滑动，蛋清的润滑中和了酒精的浓度。这款酒呈不透明的粉色，俏丽可人。

这款鸡尾酒取名“红粉佳人”是为了纪念 1912 年在伦敦风靡一时的“红粉佳人”舞台剧。为了使鸡尾酒呈现亮丽的粉红色，在各种配料调和好后，再加入微量的石榴糖浆，其诀窍是一边搅拌一边加入石榴糖浆。“红粉佳人”口感润滑酸甜，颜色俏丽可人，极具诱惑，让人心驰神往。其由于粉红的色泽和柔和的口感，深受女性朋友的追捧。

布朗克斯

Bronx

制作材料：

辛辣金酒……………30毫升　辛辣苦味酒……………15毫升　甜味苦味酒……………15毫升
橙汁……………15毫升

调制方法：

1. 将上述材料全部倒入雪克杯中摇匀。
2. 将混合均匀的酒倒入鸡尾酒杯中。

“布朗克斯”是一款以地名命名的鸡尾酒，布朗克斯是纽约市五个区之一。据说这款鸡尾酒创作于美国颁布禁酒令时期，当时禁酒政策下达，人们无处喝酒，但一些人为了喝酒便把金酒调和成果汁状，味道没有了金酒的辛辣，呈现出爽利可口的橙汁味道，这样就可以免于警察的追捕。其将辛辣味和甜味完美融合，用于餐前开胃最好不过了。此款鸡尾酒有股药草味，如果你不喜欢这种味道，可将金酒换成柠檬伏特加。

夏威夷人

Hawaiian

制作材料：

辛辣金酒……………30毫升　橙汁……………30毫升　橙味柑香酒……………30毫升

调制方法：

1. 将上述材料倒入雪克杯中摇和均匀。
2. 将混合均匀的酒倒入事先准备好的鸡尾酒杯中。

这是一款橙汁味鸡尾酒，它有着橙味柑香酒的浓郁芳香，将浓浓的夏威夷风情带给人们。假如你想喝辛辣口味，可以不用增加金酒的量，按调和夫拉·夫拉鸡尾酒的方式调和。

金汤力

Gin & Tonic

制作材料：

辛辣金酒……………45毫升　汤力水……………补足剩余　柠檬片……………1片

调制方法：

1. 取一个240毫升容量的坦布勒杯，将辛辣金酒倒入其中。
2. 接着加入碎冰块，用汤力水将坦布勒杯注满。
3. 用柠檬片进行装饰。

金汤力是用辛辣金酒作为基酒，当然也可换成蒸馏酒，再与汤力水进行调和形成的高波酒。

金汤力来源于19世纪。当时疟疾肆虐印度半岛，人们苦寻治疗疾病的良方，终于发现奎宁有对抗这个疾病的作用。但是奎宁极度苦涩，让病人难以下咽。为了解决这个问题，人们将奎宁兑水，再加入糖、金酒与青柠檬，如此，奎宁的苦涩味便被冲淡了。奎宁与多种材料混合在一起，呈现出一种酸甜中略带苦涩的滋味，进入胃后，又能感受到丝丝辛辣，这种味道非常受到人们的青睐。人们不再把它当作药来喝，而是当作一种饮品。最后，它的改良版——汤力水调和辛辣金酒再加入青柠檬的配方便推而广之，并逐渐形成现在的金汤力。

利口酒系列

天使之吻

Angel's Kiss

制作材料：

可可甜酒………………40毫升　鲜奶油………………10毫升

调制方法：

1. 将可可甜酒倒入准备好的酒杯中。
2. 倒入鲜奶油（注意：倒鲜奶油时速度要缓慢，使其堆积在可可甜酒的上面）。

由于这款鸡尾酒口味甜美柔和，就像丘比特的箭射中恋人的心，所以人们称其为“天使之吻”。

青草蜢

Grasshopper

制作材料：

绿色薄荷酒………………20毫升　　白色可可甜酒………………20毫升

鲜奶油………………20毫升

调制方法：

1. 将上述材料倒入雪克杯中，大力摇晃均匀。
2. 将混合均匀的酒倒入事先准备好的鸡尾酒杯中。

这款酒的颜色绿如青草，除了要加入绿色薄荷酒，白色可可甜酒也是必不可少的，这样才能调制出漂亮的颜色。此酒将薄荷的清凉与可可豆的芳香巧妙地融合在一起，再加上奶油的润滑，喝后让人回味无穷，是一款非常好喝的餐后鸡尾酒。

佛莱培

Mint Frappe

制作材料：

绿色薄荷酒……………30毫升　薄荷叶……………适量　碎冰……………适量

调制方法：

1. 拿出一个空鸡尾酒杯，加入碎冰直至装满酒杯。
2. 倒入绿色薄荷酒，此时碎冰中的缝隙便被薄荷酒填满。
3. 用薄荷叶进行装饰，最后放置两根吸管。

由于这款鸡尾酒是用绿色薄荷酒调制的，所以它无比清爽，是夏季的理想饮品。

黑刺李

Blackthorn

制作材料：

斯洛金酒…………………60 毫升　甜味苦艾酒…………………30 毫升　橙汁苦酒…………………30 毫升

调制方法：

1. 将上述材料分别倒入调酒杯中摇和均匀。
2. 将混合均匀的酒倒入事先准备好的酒杯中。

"Blackthorn" 意为 "荆棘"，它产自欧洲，其果实名叫斯洛浆果，别称 "黑浆果"，是制作斯洛金酒的原材料。此款鸡尾酒的基酒为斯洛金酒，味道酸甜可口，后味有淡淡的苦涩。

百万富翁

Millionaire

制作材料：

波本威士忌………………45 毫升　橙皮利口酒………………15 毫升
红石榴糖浆………………5 毫升　鸡蛋白………………1 个

调制方法：

1. 将上述材料分别倒入雪克杯中摇和均匀。
2. 将混合均匀的酒倒入事先准备好的酒杯中。

此款鸡尾酒有很多变种配方，但不变的是要用到橙皮利口酒、蛋清和石榴糖浆。

金巴利苏打

Campari soda

制作材料：

金巴利……………………45 毫升　苏打水……………………补足剩余　柠檬片……………………1 片
碎冰……………………适量

调制方法：

1. 准备好一个苏打杯或坦布勒杯，将金巴利倒入其中。
2. 加入碎冰，用苏打水注满酒杯。
3. 用柠檬片进行装饰。

这款鸡尾酒口味微甜，略带一种特有的苦味，加入苏打水后，其清凉的口感也融入其中，金巴利苏打的独特口感使其风靡全球。为了追求更好的口感，可以将其冰镇。金巴利苏打的甜味不是很浓，如果你喜欢甜酒，可以用金巴利橙汁进行调和。

圣日瓦曼

St.Germain

制作材料：

荨麻酒（黄色）……………45毫升　柠檬汁……………20毫升　葡萄柚汁……………20毫升
蛋清……………1个

调制方法：

1. 将上述材料依次倒入雪克杯中并剧烈摇晃。
2. 将混合好的酒倒入事先准备好的鸡尾酒杯中。

这款酒的名字来自法国巴黎西郊的一个城市——圣日瓦曼，它是一个旅游城市，风景如画。这款鸡尾酒将荨麻酒特有的香气和果汁的酸甜、蛋清的润滑融合在一起，口味独特，饮后顿觉爽快润滑，深受人们喜爱。

葡萄酒·香槟·啤酒系列

竹子

Bamboo

制作材料：

干雪利酒………………40 毫升　干味美思………………20 毫升　柳橙苦精酒 ………………1 滴

调制方法：

1. 将上述材料与冰块依次倒入搅拌杯中进行搅拌。
2. 将搅拌均匀的鸡尾酒倒入事先准备好的酒杯中。

这款鸡尾酒与安东尼极其相似，只是将安东尼中的配料“甜味美思”换成“干味美思”。此款鸡尾酒是餐前饮用的良品，口感甘洌爽口，和竹子的口味相似。

美国佬

Americano

制作材料：

甜味美思……………30 毫升　肯巴利酒……………30 毫升　苏打水……………适量
柠檬皮……………适量

调制方法：

1. 将甜味美思和肯巴利酒倒入事先装有冰块的酒杯中。
2. 用冷藏过的苏打水注满酒杯并稍微搅拌一下。
3. 挤入几滴柠檬皮汁于酒杯中。

这款鸡尾酒原产于意大利，名字叫“美国佬”。它融合了甜味美思的甜味与肯巴利酒淡淡的苦味。“美国佬”一般作为餐前鸡尾酒饮用，但也可以在炎热的夏季用来解暑或者润喉。

刺激

Spritzer

制作材料：

白葡萄酒………………60毫升　苏打水………………适量

调制方法：

1. 拿出一个装有冰块的酒杯，将冷藏的白葡萄酒倒入其中。
2. 将酒杯用冷藏的苏打水注满，然后轻轻地搅拌一下。

在德语中，“spritzer”有两层意思，一是“刺激”，二是“弹跳”。因为这款鸡尾酒装在光亮透明的酒杯中，调和好后会有气泡从杯底慢慢升起，很像酒在跳跃。而爽利可口的苏打水使得白葡萄酒的口味更加诱人，同时这款鸡尾酒酒精度数并不高，是一款“健康型”鸡尾酒。

当然，作为基酒的白葡萄酒并不是固定不变的，它既可以使用产自德国的甜口白葡萄酒，又可以使用果味的白葡萄酒，它可以是任何品牌、任何种类。

贝利尼

Bellini

制作材料：

起泡葡萄酒……………适量　桃子酒……………60 毫升　石榴糖浆……………1 滴

调制方法：

1. 事先准备好一个酒杯，将冷藏的桃子酒与石榴糖浆分别倒入酒杯中，然后进行搅拌。
2. 搅拌均匀后，用起泡葡萄酒将酒杯注满。

贝利尼是一个画家的名字，他出生于文艺复兴初期。此款酒是意大利威尼斯哈里酒吧的经营者发明的，并把它命名为“贝利尼”，目的是纪念贝利尼在1948 年举办的展览会，随后创作者又做各种宣传工作，使该酒风靡全世界。这款酒完美地将起泡葡萄酒与桃子酒的醇正甜味融合在一起，味道妙不可言。在罗马的哈里酒吧，用新鲜的生桃替换桃子酒，葡萄酒的种类必须使用意大利的品牌，另外还要加入微量的糖。

基尔酒

Kir

制作材料：	
白葡萄酒……………60 毫升	黑醋栗利口酒……………10 毫升

调制方法：

1. 事先准备好一个雪克杯，将上述材料分别加入雪克杯中，然后缓慢摇和。
2. 将混合均匀的鸡尾酒倒入事先准备好的酒杯中。

这是一款不错的餐前饮用鸡尾酒。它的发明者是就任于法国勃艮第地区第茂市的基尔市长。这款酒将白葡萄酒的独特口感和黑醋栗利口酒淡淡的甜味进行了完美融合，让这款酒的口感既爽滑又高贵。当然也可用桃子白兰地或木莓白兰地来代替黑醋栗利口酒来调制这款酒，调制出的口感也很不错。

如果你想调制非常正宗的基尔鸡尾酒，基酒白葡萄酒一定要使用法国勃艮第地区的，如果你用其他酒来代替，酒的名字应该是“白葡萄酒果露”。

皇家基尔

Kir Royal

制作材料：

香槟酒……………60 毫升　黑醋栗利口酒……………10 毫升

调制方法：

1. 将上述材料倒入雪克杯中，然后进行摇和。
2. 将摇和均匀的鸡尾酒倒入酒杯中。

这款酒名叫“皇家基尔”，听名字就让人觉得这款酒无比高贵奢华。前面已经介绍了基尔酒，那么“皇家基尔”与“基尔”到底有什么不同之处呢？区别是皇家基尔用香槟酒代替了基尔酒配料中的白葡萄酒，当然也可用特级的白葡萄酒来代替白葡萄酒，但还是比不上香槟酒更适合“皇家”这个名称。假如你用木莓利口酒替换黑醋栗利口酒，就能调制出“帝国基尔”了。

香槟鸡尾酒

Champagne Cocktail

制作材料：

香槟酒………………1 玻璃杯　安哥斯特拉苦精酒………………1 滴　方糖………………1 块
柠檬皮………………适量

调制方法：

1. 将安哥斯特拉苦精酒倒入放有方糖的酒杯中。
2. 用冷藏的香槟酒注满酒杯。
3. 挤几滴柠檬皮汁于酒杯中。

这款鸡尾酒曾经因为著名电影《卡萨布兰卡》中的一句台词“为你那美丽的眼睛干杯”而风靡全球。这款酒调好后会从杯底散发出气泡，原因是杯底的方糖会因为浸泡而将自身存在的空气散发出去，从而产生冉冉上升的气泡。此时方糖也会将糖分散发在酒里，使鸡尾酒越来越甘甜，慢慢变浓的甜味和梦幻般的气泡，让人感觉到一种浪漫的氛围。

含羞草

Mimosa

制作材料：

香槟酒……………适量　柳橙汁……………60毫升

调制方法：

1. 往事先准备好的香槟酒杯中倒入冷藏的柳橙汁。
2. 以等量冷藏的香槟酒注满酒杯。

含羞草花朵清新可爱，色泽艳丽。这款鸡尾酒因为在颜色上跟其很相似，所以被人们称作“含羞草”。这是一款深受法国上流社会喜爱的酒，一般在餐前饮用。

金巴利啤酒

Campari Beer

制作材料：

啤酒………………适量　金巴利酒………………30毫升

调制方法：

1. 将金巴利酒倒入酒杯中。
2. 将酒杯用冰镇好的啤酒注满，然后慢慢搅拌均匀。

这款鸡尾酒将金巴利酒的苦味与啤酒完美地融合在一起，口感独特，色泽深沉。调和好的鸡尾酒还会形成许多小气泡，十分美丽可爱。可以将金巴利酒换成薄荷酒或黑醋栗利口酒，这样就可以分别调制出不同口味的“薄荷啤酒”和“黑醋栗啤酒”。如果你喜欢辛辣口味，还可将金巴利酒换成干金酒，调和成“狗鼻子”。

香迪

Shandy Gaff

制作材料：

英国啤酒………………半杯　姜汁汽水………………半杯

调制方法：

1. 将等量的英国啤酒与姜汁汽水倒入雪克杯中，然后摇和均匀。
2. 将摇和均匀的鸡尾酒倒入事先准备好的酒杯中。

这款鸡尾酒名叫“香迪”，是一款历史悠久的指定饮用酒品。这款酒品融合了英国啤酒的苦味和姜汁汽水的独特风味，口感独特。由于酒精度数不高，受到一些酒量不太好的人的喜爱。另外一款与其相似的鸡尾酒——“羽毛”，则是用柠檬味碳酸饮料替换了姜汁汽水。

黑色天鹅绒

Black Velvet

制作材料：

烈性啤酒……………半杯　香槟酒……………半杯

调制方法：

1. 准备好一个冰凉的大酒杯。
2. 将等量的香槟酒与冰凉的烈性啤酒一起倒入大酒杯中。

这是一款深受成年人喜爱的鸡尾酒。配料烈性啤酒与香槟酒各占一半，由于啤酒颜色浓黑，乍一看就像黑色的天鹅绒，既优雅又高贵。此款鸡尾酒口感柔和，带有淡淡的酸味。这款酒的显著特征是有奶黄色的小泡泡和天鹅绒般的色泽。

无酒精系列

拉多加酷乐

Saratoga Cooler

制作材料：

酸橙汁……………20毫升	糖浆……………1茶匙	姜汁汽水……………适量
酸橙片……………适量	薄荷叶……………1片	

调制方法：

1. 先准备一个盛有冰块的酒杯，然后倒入糖浆与酸橙汁。
2. 再将酒杯用冰镇的姜汁汽水注满，并进行搅拌。
3. 用薄荷叶与酸橙片进行装饰，并插入吸管。

此款酒是“莫斯科骡子”鸡尾酒的无酒精版，并没有用伏特加做基酒。姜汁汽水的爽快口感与酸橙的甜酸味道让这款酒品尝起来美味可口、清凉爽快。如果想要追求更爽的口感，可以同时加入朗姆酒与姜汁饮料。假如不喜欢太甜的味道，可以不加糖浆。

灰姑娘

Cinderella

制作材料：

柳橙汁……………20毫升　柠檬汁……………20毫升　凤梨汁……………20毫升
酒味樱桃……………适量　薄荷叶……………适量

调制方法：

1. 将除酒味樱桃与薄荷叶以外的其他材料倒入雪克杯中进行摇和，之后倒入鸡尾酒杯中。
2. 用酒味樱桃、薄荷叶进行装饰。

将柳橙汁、柠檬汁、凤梨汁以1∶1∶1的比例进行混合，就形成了这款无酒精型的鸡尾酒，其口感清爽可口。制作时，对其进行摇和，则口感更为柔和，果汁味更浓厚。

灰姑娘是我们耳熟能详的童话故事中的人物，故事中灰姑娘与王子的约会只能到十二点，所以看到有人点了这款“灰姑娘”，说明他或她将于十二点之前结束约会。

纯真清风

Virgin Breeze

制作材料：

葡萄柚汁··················60 毫升　蔓越橘汁··················30 毫升

调制方法：

1. 将上述两种材料倒入雪克杯中进行摇和。
2. 将混合好的鸡尾酒倒入事先放好碎冰块的酒杯中。

这款鸡尾酒是“海风”鸡尾酒的无酒精版，它将蔓越橘汁与葡萄柚汁的两种甜味融合在一起，口感甘甜爽利。此款鸡尾酒颜色粉红，与“海风”相差无几，适合酒量小的人喝。

佛罗里达

Florida

制作材料：

柳橙汁………………40 毫升　　柠檬汁………………20 毫升
砂糖（糖浆）………………1 茶匙　安哥斯特拉苦精酒………………2 滴

调制方法：

1. 将上述材料分别倒入雪克杯中摇和均匀。
2. 将摇和好的鸡尾酒倒入事先准备好的酒杯中。

这是一款无酒精型鸡尾酒，产生于美国施行禁酒令时。这款鸡尾酒清爽可口，后味带有一种淡淡的苦味。它还有一款派生酒品，就是在原来配料的基础上再加一种材料——苏打水。

爱上鸡尾酒

总 策 划

王丙杰 贾振明

排版制作

文贤阁

编 委 会（排序不分先后）

青 影 张一凡 夏 煜 舒宇彤

姚珊珊 黄晓雯 杨梓晴 高 芸

徐星予 宋明浩 郑雅文 丁子凌

图片提供

李 伟 蔡加兴

https: //699pic.com/

https: //cn.dreamstime.com